机械制图与测绘

（第二版）

JIXIE ZHITU YU CEHUI

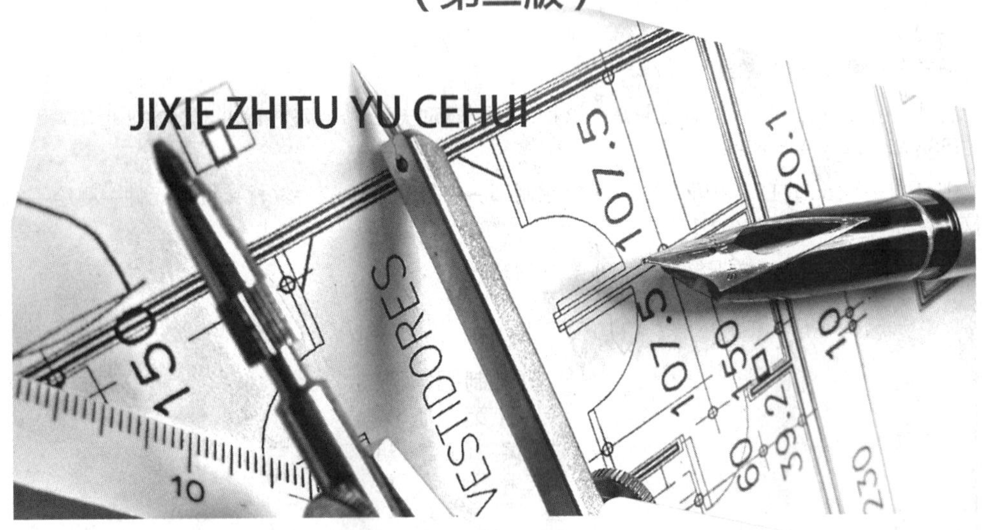

主　编　王秀蓉　胡　建
副主编　冯　涛　袁　莉
参　编　魏　谦　韦莉娜　王雪梅
　　　　马锡超　佘高红
主　审　张　鑫

重庆大学出版社

内容提要

本书共分 13 个教学任务，教学任务从零件图案例入手，介绍机械制图国家标准，以抄画的形式介绍平面图形画法；以模型制作为主的活动形式介绍投影原理和常用基本体投影。以零件测绘的活动形式介绍典型零件的表达方法，包括轴类零件、盘盖类零件、螺纹及螺纹连接件、齿轮、箱体类零件、叉架类零件的测绘。以一级圆柱齿轮减速机为例识读装配图，了解装配图的作用、画法及表达方法等。每个活动有学习日志，每个任务有任务小结，含展示、评价环节，并附有评分标准。

本书可作为中等职业学校的机械、机电类专业教材，也可作为非机电专业培训教材，还可供机电设备维修、管理类相关专业技术人员参考。

图书在版编目(CIP)数据

机械制图与测绘/王秀蓉，胡建主编.--2 版.--重庆：重庆大学出版社，2019.8(2021.8 重印)
ISBN 978-7-5624-8965-8

Ⅰ.①机… Ⅱ.①王…②胡… Ⅲ.①机械制图—中等专业学校—教材②机械元件—测绘—中等专业学校—教材 Ⅳ.①TH126②TH13

中国版本图书馆 CIP 数据核字(2019)第 162933 号

机械制图与测绘
(第二版)
主 编 王秀蓉 胡 建
副主编 冯 涛 袁 莉
主 审 张 鑫
策划编辑：曾显跃 周 立
责任编辑：曾显跃 版式设计：曾显跃
责任校对：贾 梅 责任印制：张 策
*
重庆大学出版社出版发行
出版人：饶帮华
社址：重庆市沙坪坝区大学城西路 21 号
邮编：401331
电话：(023) 88617190 88617185(中小学)
传真：(023) 88617186 88617166
网址：http://www.cqup.com.cn
邮箱：fxk@cqup.com.cn (营销中心)
全国新华书店经销
重庆市正前方彩色印刷有限公司印刷
*
开本：787mm×1092mm 1/16 印张：10.25 字数：256千
2019 年 8 月第 2 版 2021 年 8 月第 7 次印刷
印数：9 201—11 200
ISBN 978-7-5624-8965-8 定价：29.00 元

前言

本书在广泛吸纳中职院校教学改革实践经验的基础上编写而成。本书适用于中等职业院校、技工院校以及成人中专学校机械类专业的制图教学，其他专业可作为教学参考。

本书具有以下主要特点：

①突出绘图技能培养，彰显职教特色

这是编写本书的根本出发点，全书以能力提升、技能培养为主线，对理论基础以"必需、够用"为原则，以"识、测、绘"为主要活动完成学习任务，符合学生学习的认知规律。

②素材选取切合实际，理论实践结合紧密

本书在学习中着重培养学生的动手能力，素材选择生产实践的现实产品，让学生在学习中能够接触到真正的产品零件，达到学做用合一。

③行动导向牵引，能力培养增强

全书教学安排组织思路突出行动导向，注重学生参与，同时在活动中增设"学习日志"环节，达到"自主学习、自主思考、自主总结"。

本书由重庆市工贸高级技工学校王秀蓉、胡建任主编，冯涛、袁莉任副主编，重庆前卫仪表厂高级工程师张鑫任主审。王秀蓉承担统稿工作。参加本书编写工作的有：重庆市工贸高级技工学校魏谦，湖南省怀化商业供销学校韦莉娜，贵州省贵阳市交通技工学校王雪梅，贵州省电子工业学校佘高红，山东省枣庄薛城区职业中专马锡超。

限于编者的水平，书中难免存在缺点和错误，恳请读者批评指正，以便再版时修订。

编　者

2019 年 6 月

前言

目录

任务 1
认识零件图

【目的要求】

1.了解机械制图的国家标准,能认读图样中的要素,直观认识图样;
2.正确使用工具和仪器;
3.能绘制简单图形;
4.能参与讨论交流,学会观察比较。

活动一　认识零件图

【学习要点】

1.零件图的组成:一组图形、所有尺寸、技术要求以及标题栏、图框等。

2.零件图中的图线、文字、尺寸以及表格、边框等都是有通用的技术标准。

图 1.1 是法国雷诺公司的新版 F1 方程式赛车,类似的一辆赛车由数千个零件组成,在这些零件生产、装配的各个环节怎样描述它的技术信息,用语言文字描述还是用数据描述? 或用其他更好的方式描述。

显然,图样是呈现技术信息的最好方式。在机器、设备的生产过程中,首先是根据设计好的零件图组织生产合格的零件,然后按照装配要求,将零件组装成机器或机构。

零件图是按照正投影原理,用一些规定的线型绘制出的以线条为主的图形,这样的图形尽管直观性差,只有具备一定专业知识和能力的人员才能完全读懂,但只有这种图样才能包含足够的技术信息,才能准确无误地传递设计思想,表达技术要求,承载产品的设计、生产各环节的任务。在机械行业,零件的设计、生产到组装以及技术交流中始终在使用零件图这种技术文件,到目前为止,图样是最好的产品技术信息载体。

下面,通过图 1.2 阀盖零件图和立体图,来认识零件图。

图 1.1　法国雷诺 F1 方程式赛车

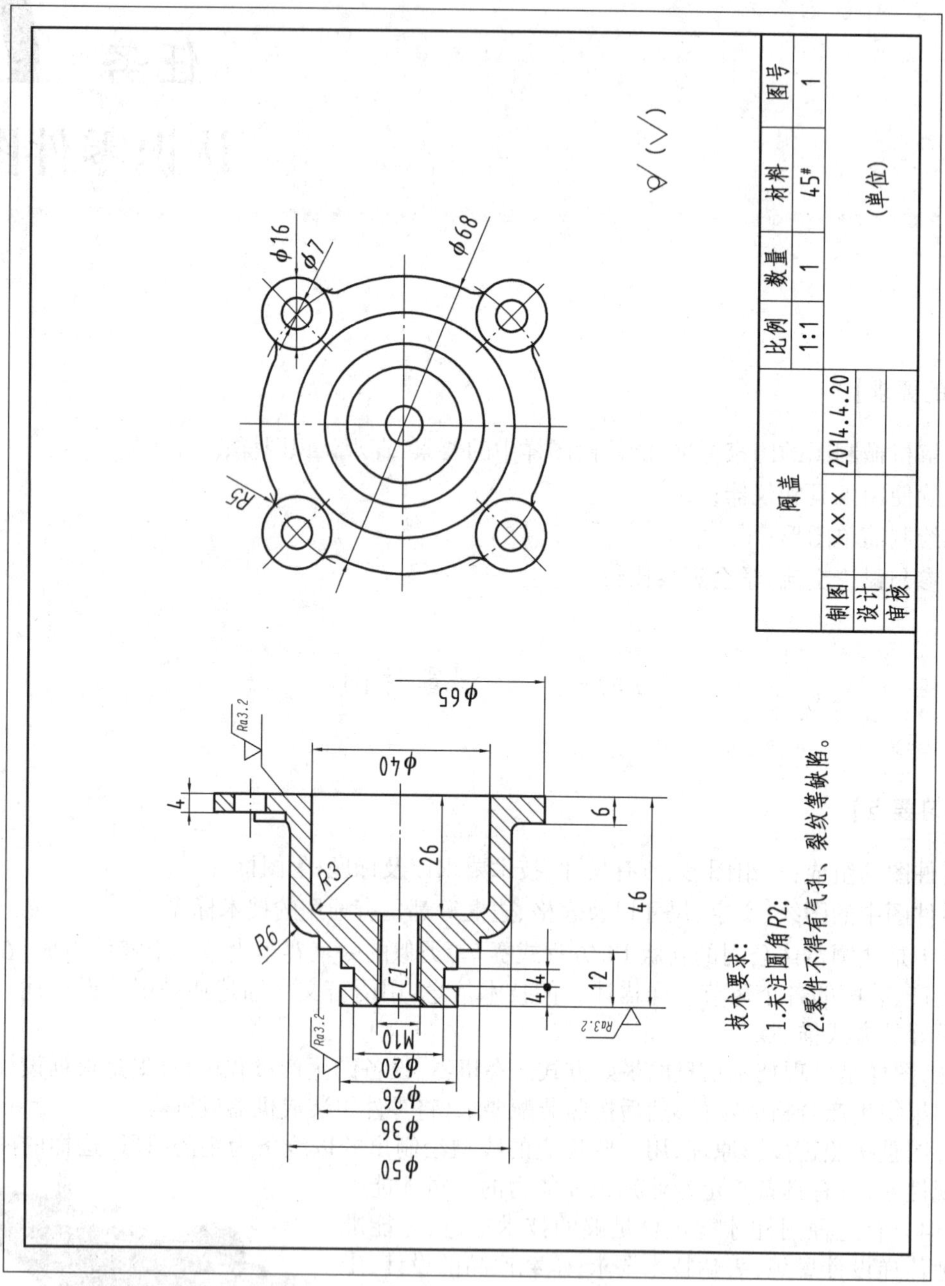

技术要求：

1.未注圆角R2;

2.零件不得有气孔、裂纹等缺陷。

阀盖			比例	数量	材料	图号
			1:1	1	45#	1
制图	×××	2014.4.20	(单位)			
设计						
审核						

图1.2 阀盖零件图

一、零件图的含义

零件图是零件生产制造的技术依据，按照零件图生产和检验零件，然后将零构建组装成机器或部件。一张完整的零件图通常包括一组图形、完整的尺寸、技术要求、标题栏等信息，如图1.2阀盖零件图所示。

一组视图：用视图、剖视、断面及其他规定画法，正确、完整、清晰地表达零件的内、外结构形状。

全部尺寸：表达零件在生产和检验时所需的全部尺寸。

技术要求：用文字或其他符号标注或说明零件制造、检验或装配过程中应达到的各项要求，如表面粗糙度、尺寸公差、形位公差、热处理、表面处理等要求。

标题栏：标题栏中应填写零件的名称、代号、材料、数量、比例、单位名称、设计、制图和审核人员的签名和日期等。

零件图作为零件加工制造的技术依据必须要符合标准。

二、从图样内容看标准

国家标准《机械制图》是机械类专业制图标准，该标准是绘制和阅读机械图样的准则，必须要严格遵守。国家标准简称“国标”，代号“GB”；如GB/T 14689—1993，GB表示国标，GB/T表示推荐性国标，“14689”表示该标准的编号，“1993”表示该标准是1993年发布的。

1）图纸幅面及格式（GB/T 14689—1993）

（1）图纸幅面

图纸幅面优先采用基本幅面A0、A1、A2、A3、A4，加长幅面是基本幅面短边的整数倍，见表1.1基本幅面尺寸。必要时，也允许加长幅面，但加长后的幅面尺寸必须是由基本幅面的短边整数倍增加。

表1.1　基本幅面尺寸　（mm）

<table>
<tr><td colspan="2">幅面代号</td><td>A0</td><td>A1</td><td>A2</td><td>A3</td><td>A4</td></tr>
<tr><td colspan="2">尺寸 $B \times L$</td><td>841×1 189</td><td>594×841</td><td>420×594</td><td>297×420</td><td>210×297</td></tr>
<tr><td rowspan="3">边框</td><td>a</td><td colspan="5">25</td></tr>
<tr><td>c</td><td colspan="3">10</td><td colspan="2">5</td></tr>
<tr><td>e</td><td colspan="2">20</td><td colspan="3">10</td></tr>
</table>

（2）图框格式

每幅图必须用粗实线画出图框，图框尺寸有留装订边和不留装订边两种。

（3）标题栏的方位及格式

每张图样的右下角均有标题栏，如图1.3所示，且标题栏中的文字方向为看图方向。为了利用预先印制的图纸，必要时允许将图纸逆时针旋转90°使用，此时标题栏位于图纸的右上角，标题栏方向不再是读图方向。

标题栏格式在国家标准《技术制图　标题栏》（GB 10609.1—1989）中有明确规定，在制图

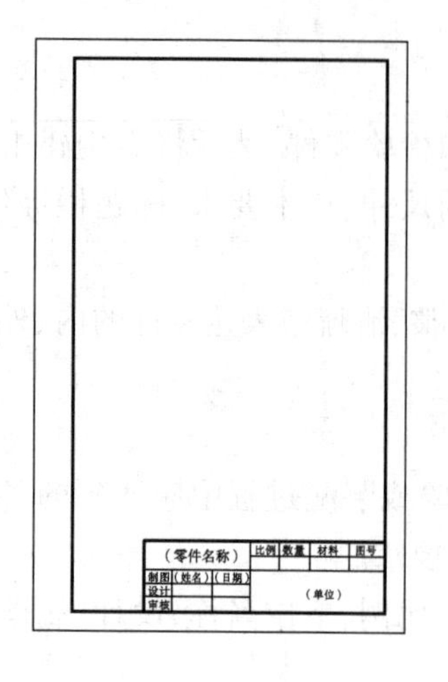

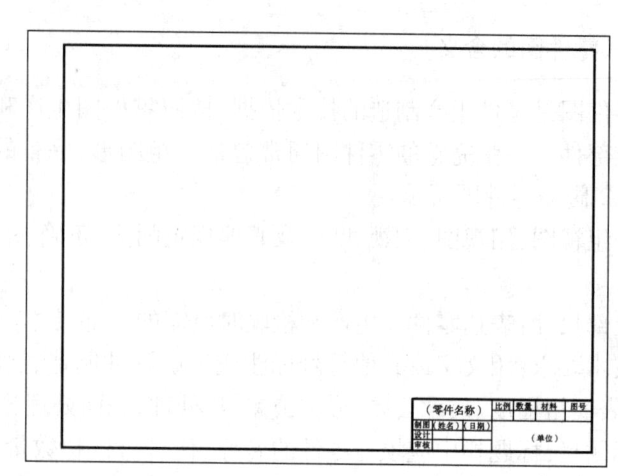

(a)留有装订边

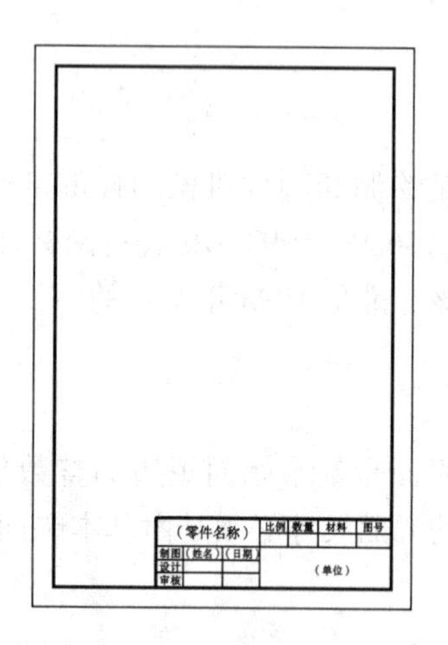

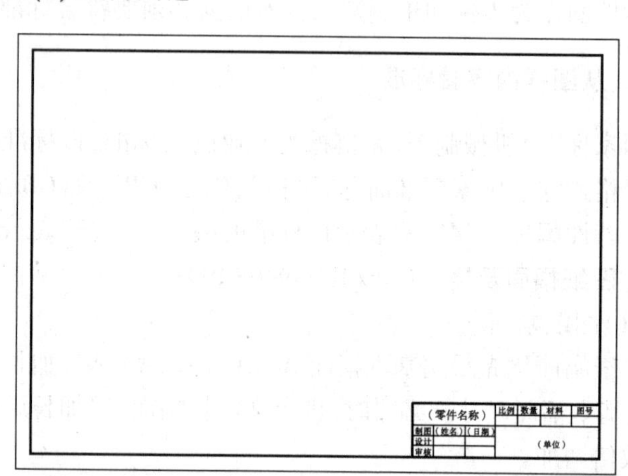

(b)不留装订边

图 1.3　图框与标题栏

作业中建议采用如图 1.4 和图 1.5 所示的简化标题栏。

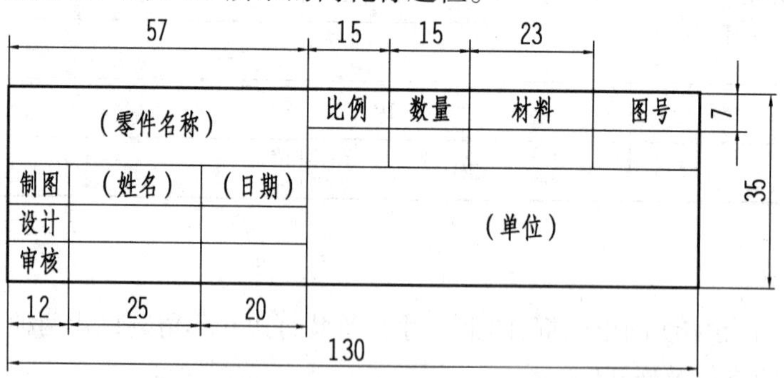

图 1.4　零件图简化标题栏

2)比例(GB/T 14690—1993)

图样中图形的线形尺寸与其实物相应要素的线性尺寸之比称为比例。

绘制机械图样时所选比例应符合表 1.2 中的规定比例,优先选用第一系列比例,尽量采用

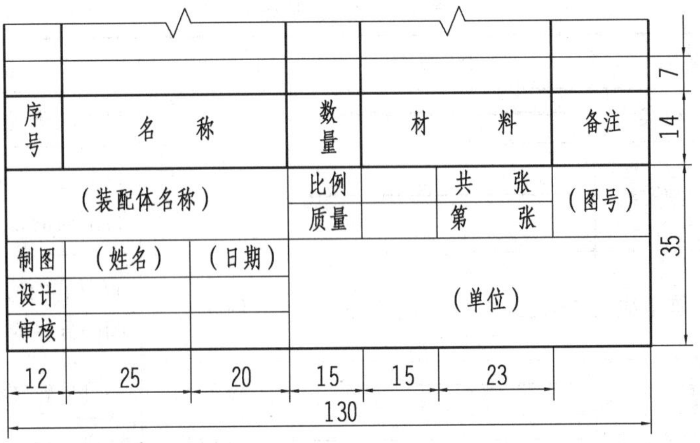

序号 | 名　称 | 数量 | 材　　料 | 备注
(装配体名称) | 比例 | 共　张 | 质量 | 第　张 | (图号)
制图 | (姓名) | (日期) | 设计 | 审核 | (单位)
7　14　35
12　25　20　15　15　23
130

图 1.5　装配图简化标题栏

1∶1 的比例(原值比例)画图。零件过小或过大时,可根据实际需要采用放大比例或缩小比例。无论采用放大或缩小比例,图样中所标注的尺寸数值必须是机件的实际尺寸,与图样的准确程度和比例大小无关。每张图样上应在标题栏的“比例”一栏填写绘图比例。

表 1.2　比例

种　类	比　例	
	第一系列	第二系列
原值比例	1∶1	
缩小比例	1∶2　1∶5　1∶1×10^n　1∶2×10^n　1∶5×10^n	1∶1.5　1∶2.5　1∶3　1∶4　1∶6　1∶1.5×10^n　1∶2.5×10^n　1∶3×10^n　1∶4×10^n　1∶6×10^n
放大比例	2∶1　5∶1　1×10^n∶1　2×10^n∶1　5×10^n∶1	2.5∶1　4∶1　2.5×10^n∶1　4×10^n∶1

注:n 为正整数。

3)**字体**(GB/T 14691—1993)

①汉字要写成长仿宋,要求做到:字体端正、笔画清楚、排列整齐、间隔均匀。

②字体的号数即以毫米为单位的字体高度,其取值为:1.8、2.5、3.5、5、7、10、14、20 mm。如需书写更大字体,其字高按照$\sqrt{2}$的倍率递增。

③高/宽=$\sqrt{2}/1$,字与字的间隔约为字高的 1/4,行与行的间隔约为字高的 1/3,笔画宽度约为字高的 1/10。

④数字和字母均可写成直体或斜体字,向右倾斜,与水平线成 75°角。

4)**图线**(GB/T 4457.4—2002、GB/T 17450—1998)

(1)图线形式及应用

绘制图样时,应采用国标《技术制图　图线》(GB/T 17450—1998)中所规定的图线,表 1.3为摘选自标准中最为常用的线型,其他线型将在具体图样中进行介绍。

表 1.3 图线(摘选)

No.	图线名称		图线型式	图线宽度	应用举例
01	实线	粗实线	————	b	可见轮廓线,可见过渡线
		细实线	————	约 $b/3$	尺寸线,尺寸界线,剖面线,重合剖面的轮廓线,引出线
		波浪线	～～～	约 $b/3$	断裂处的边界线,视图和剖视图的分界线
02	虚线		- - - - - - -	约 $b/3$	不可见轮廓线,不可见过渡线
10	点画线	细点画线	——·——·——	约 $b/3$	轴线,对称中心线,节圆和节线

所有图线宽度(d)应按照图样类型和尺寸大小在下列公比为 $1/\sqrt{2}$($\approx 1:1.4$)的数系中选择:0.13、0.18、0.25、0.35、0.5、0.7、1、1.4、2(单位:mm)。粗、细两种线型线宽比为 3∶1。各种图线应用举例如图 1.6 所示。

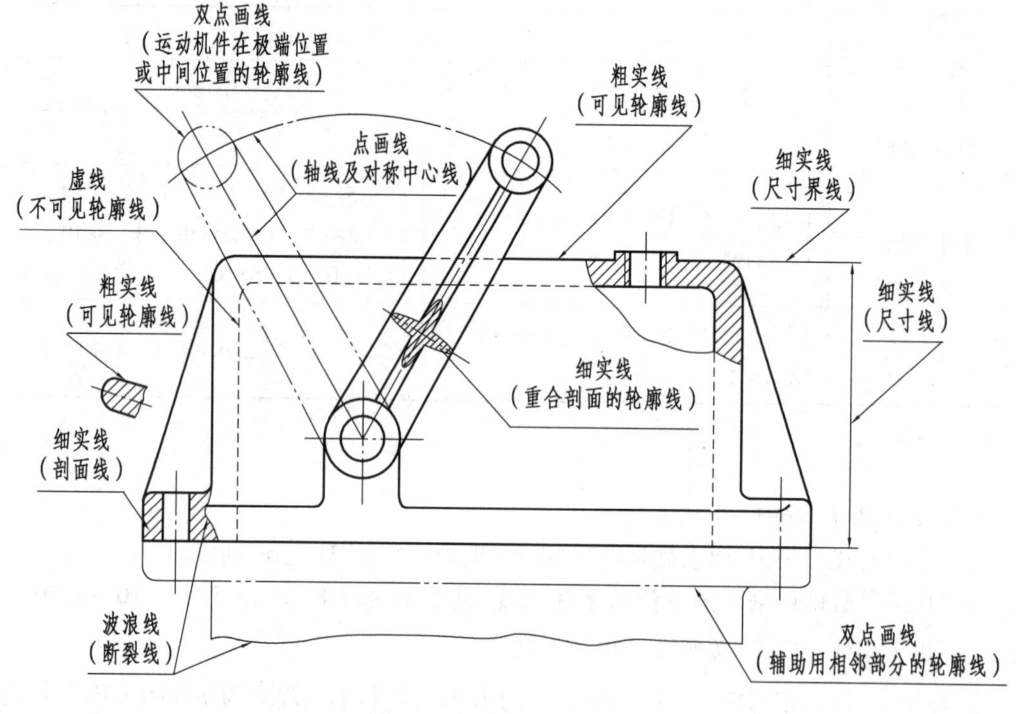

图 1.6 各种图线应用举例

(2)图线画法注意事项

①同一图样中,同类图线的宽度应一致;虚线、点画线及双点画线的线段长度和间隔应大致相等。

②两条平行线之间的距离应不小于粗实线的两倍,最小间距不小于 0.7 mm。

③绘制圆的对称中心线时,点画线两端应超出圆的轮廓线 2~5;首末两端应是线段而不

是短画;圆心应是线段的交点。在较小的图形上绘制点画线有困难时可用细实线代替,如图1.7所示。

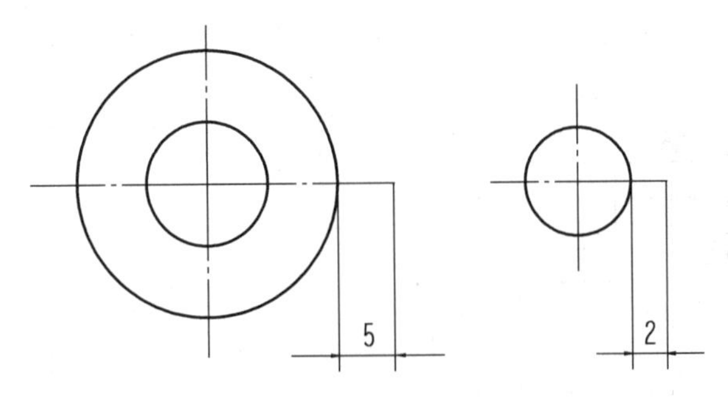

图1.7　点画线应用举例

④直虚线在实线的延长线上相接时,虚线应留出间隔;虚线圆弧与实线相切时,虚线圆弧应留出间隔,如图1.8所示。

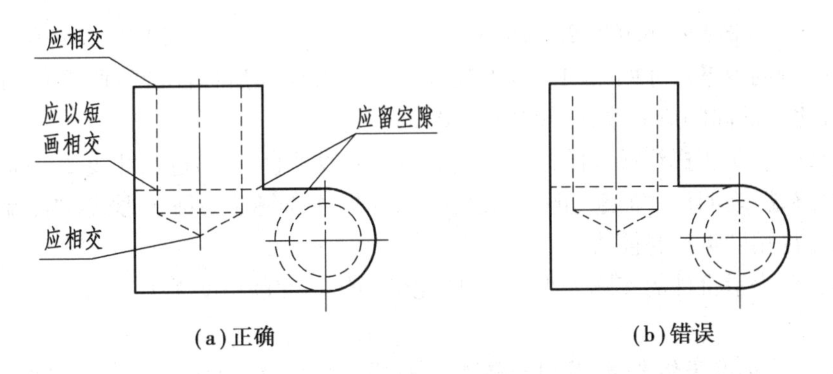

(a)正确　　(b)错误

图1.8　虚线相交的画法

⑤当有两种或更多的图线重合时,通常按图线所表达对象的重要程度优先顺序为:可见轮廓线—不可见轮廓线—尺寸线—各种用途的细实线—轴线和对称中心线—假想线。

5)尺寸注法(GB/T 4458.4—2003、GB/T 16675.2—1996)

图样中的标注是机械制图中非常重要的组成部分,工程师的设计意图都是通过图样中的标注表达的,所以,必须遵守统一的机械图样标注规则。

在机械制造过程中,主要是依据图样上所标注的尺寸及其有关公差、技术要求进行生产。"尺寸是反映零件真实大小的实质性要素",因此按一定的规定和要求进行尺寸标注是机械制图中最重要的环节。在绘制、阅读图样时必须严格遵守国家标准中规定的原则和标注方法。

(1)基本规则

机件的真实大小应以图样上所注的尺寸数值为依据,与图形的大小及绘图的准确度无关。

图样中(包括技术要求和其他说明)的尺寸,以mm为单位,不需标注计量单位的代号或名称,如采用其他单位,则必须注明相应的计量单位的代号或名称。

图样中所标注的尺寸,为该图样所示机件的最后完工尺寸。

机件的每一尺寸,一般只标注一次,并应标注在反映该结构最清晰的图形上。

绘图时都是按理想关系绘制的,如相互平行平面和相互垂直平面的关系均按图形所示几何关系处理，一般不需标注尺寸，如垂直不需标注 90°。

（2）尺寸组成及其标注法

一个完整的尺寸，一般由尺寸界线、尺寸线、尺寸线终端和尺寸数字 4 要素组成，其基本标注方法如图 1.9 和图 1.10 所示。

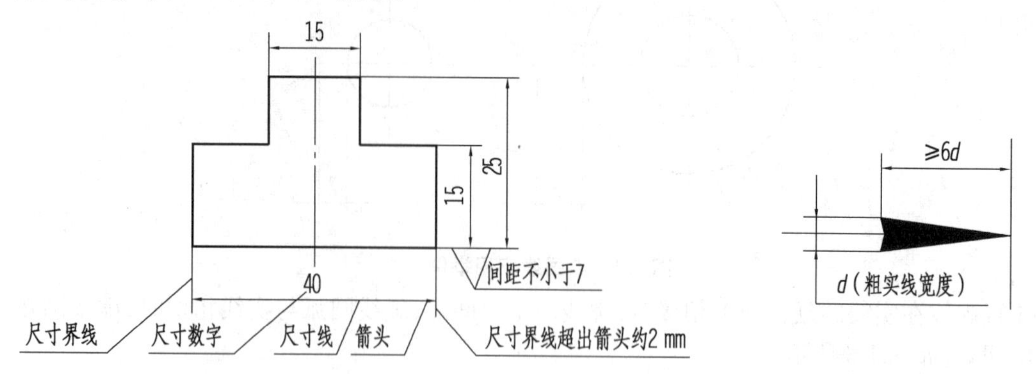

图 1.9　尺寸的组成与标注

图 1.10　箭头画法（已放大）

尺寸线：表明度量尺寸的方向。线性尺寸的尺寸线应与所标注的线段平行，其间隔或平行的尺寸线之间的间隔应一致，一般为 5～10 mm。

尺寸界线：表明所标注尺寸的范围。一般与尺寸线垂直，且超过尺寸线 2～3 mm。

尺寸线终端：表明尺寸的起、止，一般机械图样尺寸线终端为箭头形式，当标注小尺寸位置不够时，允许用圆点代替箭头。

尺寸数字：表示机件的实际大小，与作图比例和作图准确程度无关。

注意：

尺寸数字按标准字体书写，且同一张纸上的字高要一致，通常注写在尺寸线的上方或中断处。水平方向的尺寸数字字头向上，垂直方向的尺寸数字字头向左，倾斜方向的尺寸数字字头偏向斜上方。对于非水平方向的尺寸，其数字也可注写在尺寸线的中断处。尺寸数字在图中遇到图线时，须将图线断开。如图线断开影响图形表达时，须调整尺寸标注的位置。

尺寸线不能用其他图线代替，也不得与其他图线重合或画在其他图线的延长线上。

机械图样中尺寸线的终端形式多采用箭头，如图 1.10 所示。同一张图上箭头大小要一致，箭头尖端应与尺寸界线接触。

尺寸界线应自图形的轮廓线、轴线、对称中心线引出。轮廓线、轴线、对称中心线也可以用作尺寸界线。

尺寸线与尺寸界线用细实线绘制。标注时并联尺寸，大尺寸在外，小尺寸在内；串联尺寸尽可能安排在一条直线上。

尺寸标注的具体要求：

线性尺寸数字的位置，应在尺寸线中间部位的上方（水平和倾斜方向尺寸）、左方（竖直方向尺寸）或中断处。水平布置的尺寸，尺寸数字字头向上，竖直布置的尺寸，尺寸数字字头向左，倾斜布置的尺寸，尺寸数字有向上的趋势。

角度尺寸数字一律写成水平方向，一般注写在尺寸线的中断处，必要时也可以用指引线引出注写。

尺寸数字在图中遇到图线时，需将图线断开。如图线断开影响图形表达时，需调整尺寸标注的位置。

尺寸标注的一些细节在具体案例中再详细解说,此处不再赘述,建议初学者一开始只要熟悉几幅标准样图的注法即可,逐渐熟悉标注方法。

【学习日志】

能回答下述问题吗?		自我评价
1.零件图有什么作用?		
2.GB 以及 GB/T 分别是什么意思?		
3.请解释“GB/T 4458.4—2003”的含义。		
4.图 1.2 阀盖零件图的标题栏在图样的什么位置,图框采用了哪种格式?		
5.图 1.2 阀盖零件图样中有几个图形?		
6.对照表 1.3 说明图 1.2 阀盖零件图中用到了哪些线型,用什么比例绘制?		
7.一张 A0 图纸可以裁几张 A4 图纸?		

【练习】

请用笔圈出以下两图中图线运用不正确的地方。

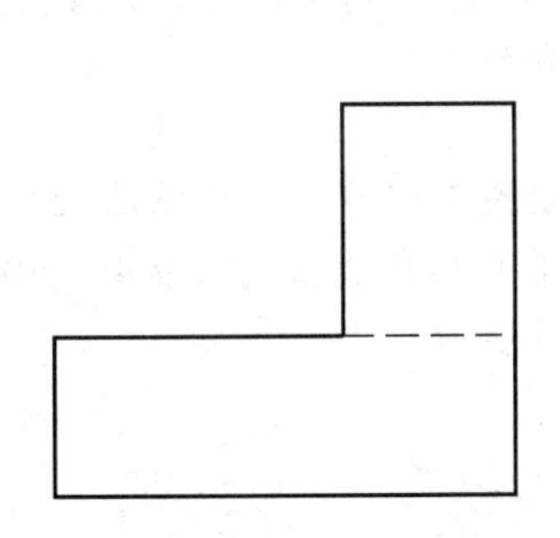

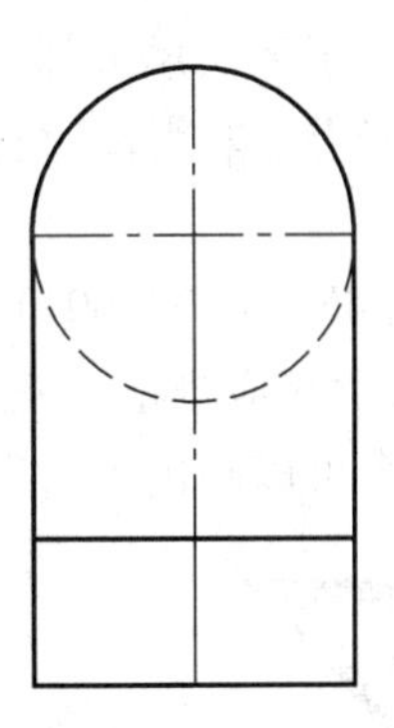

活动二　认识绘图工具和绘图仪器

【学习要点】

1.认识常用绘图工具:圆规、分规、丁字尺、三角板等。
2.会用常用绘图工具和绘图仪器。

一、绘图工具

如图 1.11 所示的图板、丁字尺及其用法。

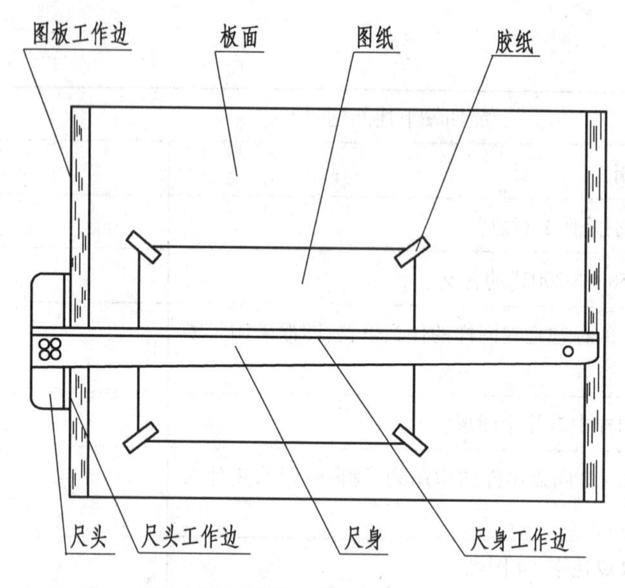

图 1.11　图板、丁字尺及其用法

1) 图板

用来铺放、固定图纸,其左侧为工作边,又称导边,必须平直。

2) 丁字尺

作图过程中,丁字尺尺头部分始终紧靠图板工作边,沿着工作边上下滑动,可以绘制水平线,三角板在尺身上左右滑动,可以绘制垂直线和斜线。

3) 三角板

三角板分为 45°和 30°(60°)两种,组成一副,如图 1.12 所示。规格从 15~40 cm 多种,可根据图样大小选用相应规格。三角板与丁字尺组合可以作竖直线以及 45°、30°和 60°各种斜线,两三角板组合可以画出 15°、75°斜线,如图 1.13 所示。

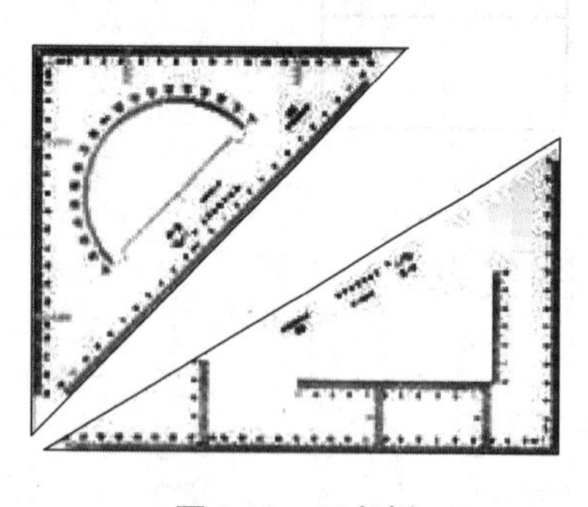

图 1.12　三角板

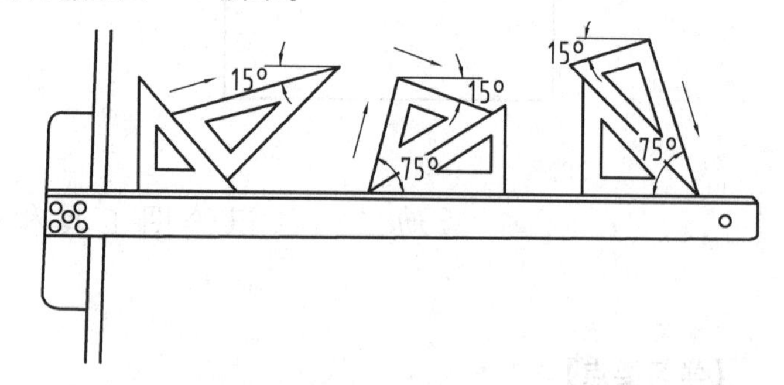

图 1.13　三角板组合绘制各种斜线

4) 比例尺

比例尺呈三棱柱形,也称为三棱尺,在它 3 个棱边的两侧,刻有 6 种不同的刻度,按规定比例作图时,可以方便地在比例尺上相应的比例边上量取长度。

作图时比例尺只用来量取尺寸,不用来画线,量取尺寸时,将比例尺放在图线上,在所需刻度处用铅笔作出标记即可,如图 1.14 所示。用分规在比例尺上量取尺寸时,注意不要划伤尺面,如图 1.15 所示。

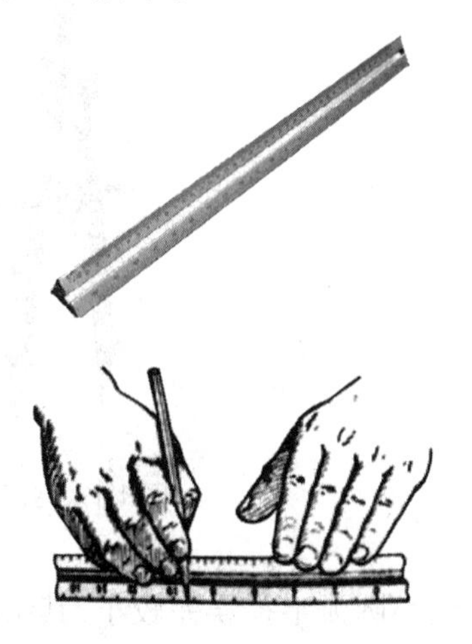

图 1.14　用比例尺在图纸上量取尺寸

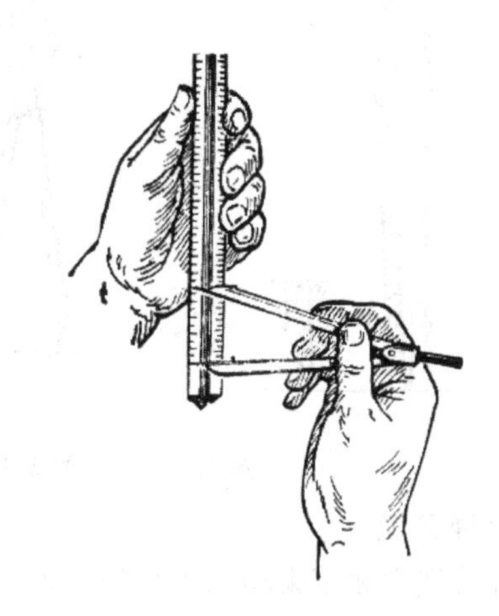

图 1.15　用分规在比例尺上量取尺寸

二、绘图仪器

1)圆规

圆规主要用来绘制圆和圆弧,一侧的钢针带有台阶,另一侧配有 3 种插脚,如图 1.16 所示,换上钢针插脚 1 后,圆规可当作分规使用;换铅芯插脚 2 用来绘制铅笔线圆弧;换鸭嘴笔插脚 3 用于绘制墨线圆。圆规上的铅芯可以修磨成如图 1.17 所示形状。其用法同圆规的使用方法。

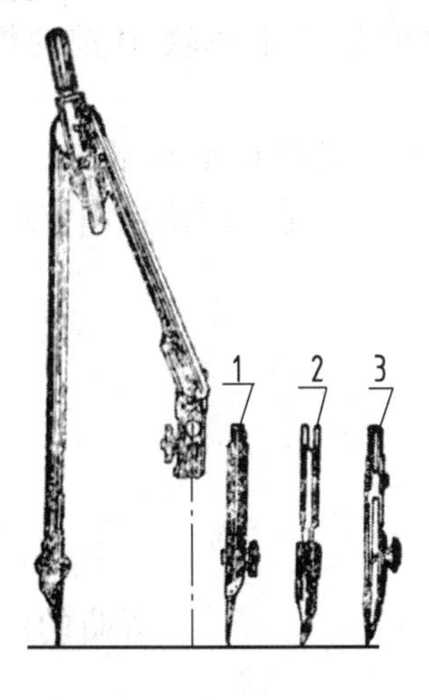

图 1.16　圆规

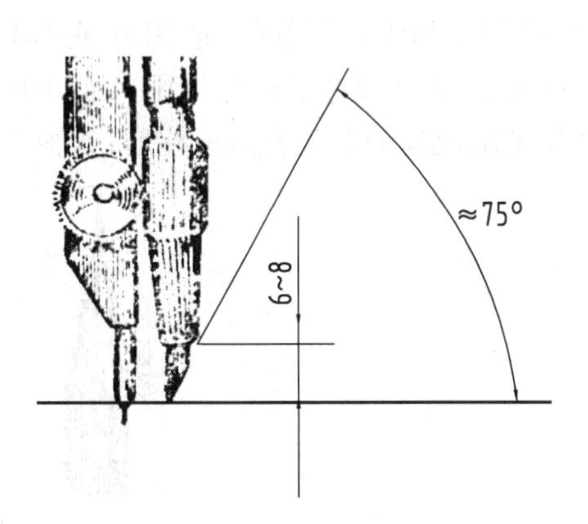

图 1.17　圆规铅芯插脚修磨形式

画不同直径的圆弧时,圆规两脚弯折程度不同,一般要求圆规两脚与纸面垂直,画大圆弧时,应接上延伸杆。

2)分规

分规主要用来截取线段、转移尺寸和等分线段等。分规使用前要注意调整两侧钢针,使其对齐。用法如图 1.18 所示的分规的构造与使用方法。

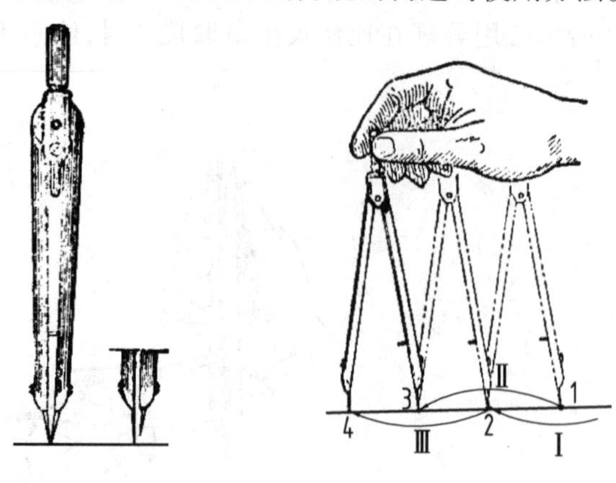

图 1.18 分规及其用法

图 1.19 弹簧规

3）弹簧规

弹簧规主要用来绘制小半径圆弧，半径可锁定，绘制小圆弧半径误差较小，其结构和用法如图 1.19 所示。

三、绘图用品

1）图纸

绘图纸要求质地坚实，擦除时不易起毛，幅面尺寸符合国家标准规定，规格见表 1.1。

固定图纸时需注意：将裁好的图纸（或者印刷好的标准图纸）平铺在图板上，丁字尺尺头紧靠图板工作边，用丁字尺的尺身找正图纸，然后用透明胶带固定图纸的 4 个角。

2）铅笔

绘图铅笔的笔芯的软硬分别用 B 或 H 表示，B 前的数字越大，笔芯越软；H 前的数字越大，笔芯越硬，其中 6B 为最软，6H 最硬。

绘制草图或图样底稿时一般用 H 或 HB 铅笔；描深图样时，一般用 B 或 2B 铅笔。绘制细线、书写文字、标注尺寸等也建议用 H 或 HB 的铅笔。H 或 HB 的铅笔一般削成圆锥形，B 或者 2B 铅笔削成扁铲形或者四棱柱形，如图 1.20 所示。

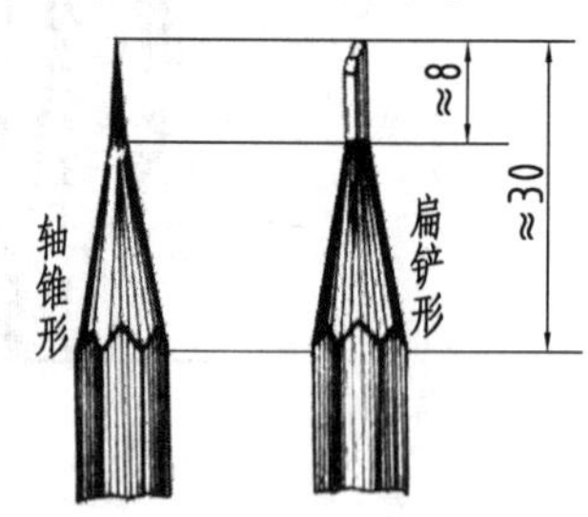

图 1.20 铅笔的削法

3）橡皮

绘图应选用质地较软不易损伤图纸的橡皮，不建议使用彩色橡皮，以免颜色浸入图纸，推荐使用绘图专用橡皮。

4) **其他用品**

削笔刀、裁纸刀、透明胶带、量角器、擦图片、砂纸、清洁图纸的毛刷等。

【学习日志】

能回答下述问题吗？请根据例图完成下述任务。		自我评价
1.清点一下，是否已经准备好常用绘图工具、仪器和绘图用品，哪些是必需的，哪些可以用替代品？		
2.固定图纸、绘制 A4 图纸图框、标题栏。		
3.绘制正交点画线，以点画线交点为中心绘制半径 *R*20 的圆。		
4.利用丁字尺、三角板组合绘制半径为 *R*20 圆的外切正六边形。		

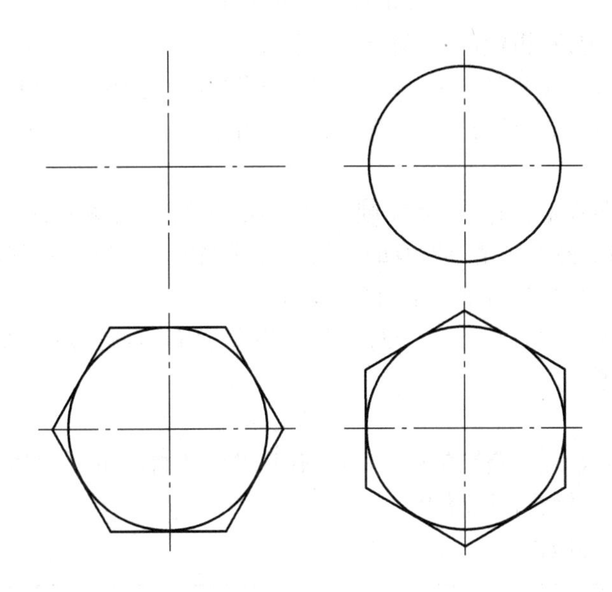

活动三　抄画图样

【学习要点】

1.掌握绘图步骤，练习巩固绘图工具、仪器的使用方法；

2.熟悉图线使用，掌握绘图步骤。

一、绘图步骤

1) **做好画图前的准备工作**

准备好绘图工具、仪器和用品，按照图样大小裁好图纸幅面；将图纸平铺在图板上，用丁字尺找正后，用透明胶固定图纸，在图纸上绘制图框和标题栏，若采用预先印制好的标准图纸，则不用绘制图框和标题栏。做准备工作时还要清洁绘图工具，洗干净手，以免弄脏图纸。

2）确定表达方案并布图

对于抄画样图，不需要画草图，直接布图作图即可。布图就是确定图形在图纸上的位置，注意位置要恰当，与各边距离要协调，图形之间应留有足够的空白用以标注尺寸和书写技术要求等。确定图形位置后开始作基准线和定位线。

初学者可用废纸根据图样总体尺寸裁成矩形，然后在图纸上摆放，在恰当的位置定位，画出基准线和定位线。

3）画底稿

画底稿应使用削尖的 H 或 2H 铅笔轻轻绘出。首先，按定位尺寸画出图形的所有基准线、定位线。然后，按定形尺寸画主要部分的轮廓线。最后，画细节部分。

为了提高绘图的质量和速度，应做到：量取尺寸要准确，各图中的相同尺寸，尽可能一次量出后同时画出，避免经常调换工具，以减少测量尺寸的时间。

作图的原则是：先定位，再绘图；先整体，后局部。

画图时，若出现错误，应及时擦去，并予改正。画底稿运笔要轻，线要淡、细，能看得清即可，总结为：画底稿，淡轻细。随时要注意保持清图面清洁。

4）检查描深

底稿完成后检查图线是否正确，有无缺漏和错误，擦去多余图线，检查无误后用 B 或者 2B 铅笔描深。描深的主要工作是将所有的可见轮廓线描成粗实线。描深时注意：先圆弧，后直线；先水平，再竖直，后斜线；自上而下，自左至右。

图样上的细线建议一次性画好，不建议描深，以免影响图面美观。细线包括虚线、细实线、细点画线、波浪线等。

5）标注尺寸

标注尺寸注意布局合理，完整、清晰、正确，不形成尺寸封闭链。初学者建议在草图上试标注，确定标注方案后在标注在图样上。

6）检查全图，填写标题栏

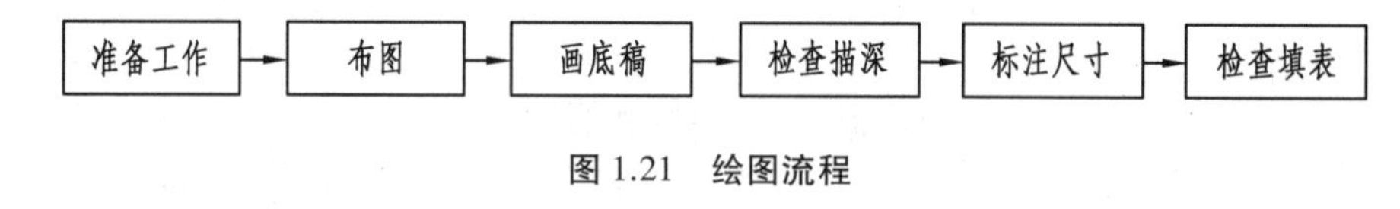

图 1.21　绘图流程

二、抄画练习

在 A4 幅面的图纸上抄画图 1.22 轴零件图，徒手抄画图 1.23 轴立体图。

图示零件为轴类零件，属于回转体，结构相对简单，只需一个视图就能表达清楚。尺寸标注有两个基准，其径向基准为轴线，也就是图中的点画线。轴向基准线可以选右端面线，作图和标注尺寸都从基准开始，其他图线以此为基准，按照标注的尺寸数值来确定即可。

1）准备工作

准备好绘图工具仪器等，装订好图纸，绘制图框标题栏，确定绘图比例。建议采用 2∶1 的比例作图。

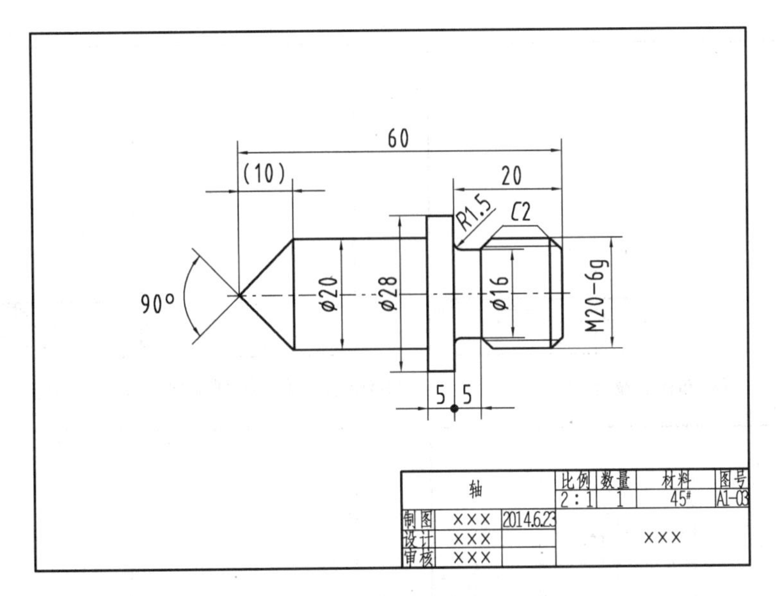

图 1.22　**轴零件图**

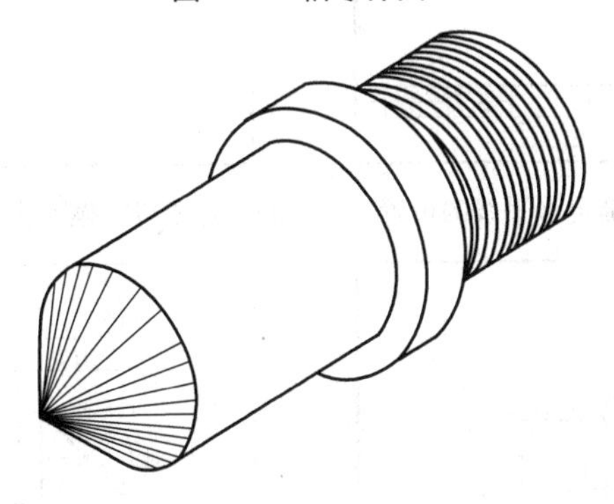

图 1.23　**轴立体图**

2）练习布图

作径向基准线和轴向基准线，确定图形在图纸上的位置，如图 1.24 所示，径向基准为轴线，也就是图中的点画线，轴向选的是表示右端面的竖线，如图 1.24(a)所示。

3）绘制底稿

绘制底稿时按照给定轴向尺寸，从基准线开始，依次作出所有的竖直方向的图线，如图 1.24(b)所示，然后根据给定的径向尺寸，依次用分规量取相应半径长度，在刚才做好的竖线上取点，最后连点成线，如图 1.24(c)、(d)所示，图样底稿就基本完成了，注意此时是绘制底稿，一定要注意图线要淡、轻、细。检查图形有无错误，有无缺漏线，然后绘制尺寸界线和尺寸线，此时图样上出现的都是细线，不要急于画箭头，以免频繁移动绘图工具时弄脏图纸。

注意：图中 M20-6g 是普通三角螺纹，粗牙，螺距为 2.5，相关知识可查机械工人手册，外螺纹小径即牙底线用细实线表示，根据螺纹牙高与螺距的关系，计算出螺纹牙高为 1.35，螺纹小径为大径减去两倍的牙高，绘图时小径尺寸直接用公称直径减两倍牙高后取整即可。

图中小径为 $20-2\times1.35\approx17$。

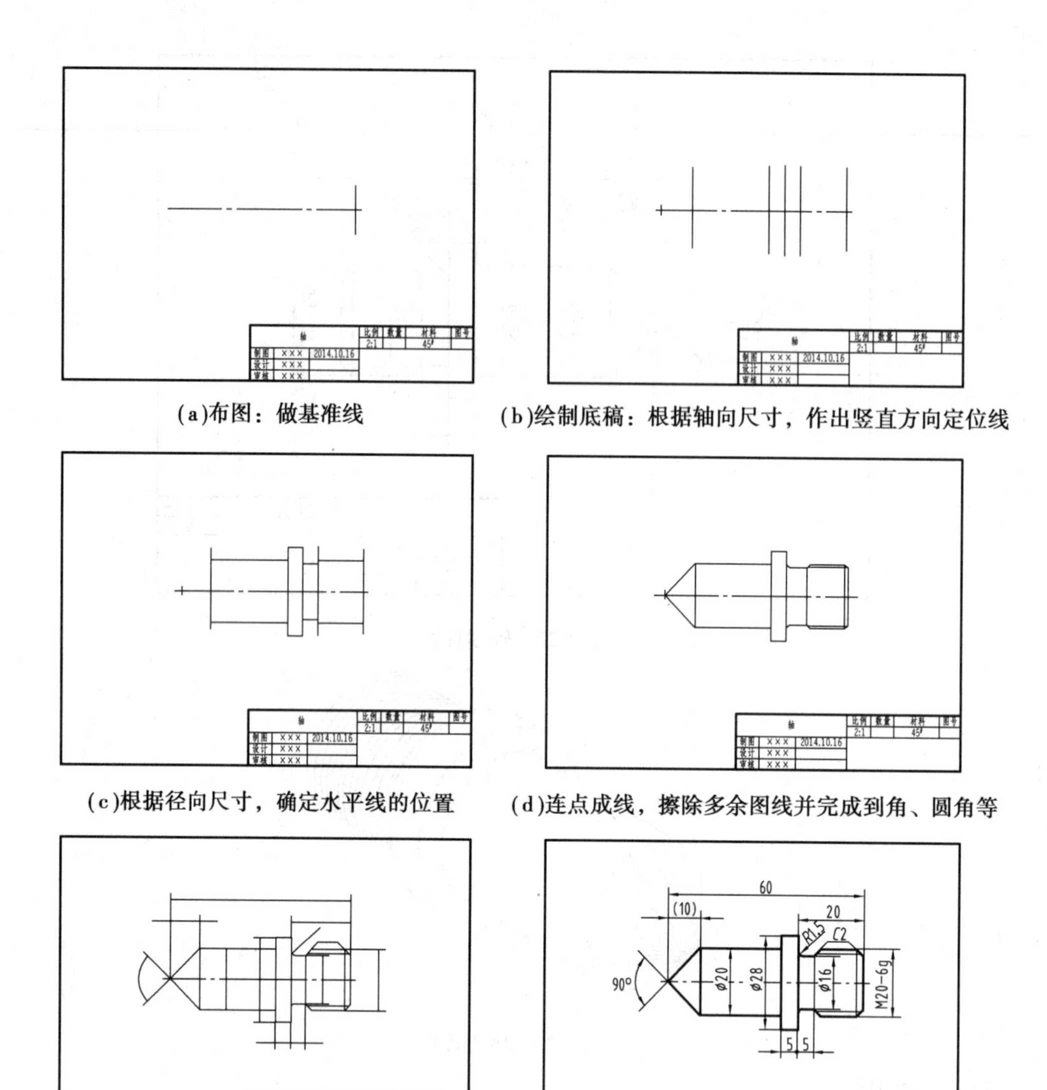

(a)布图：做基准线

(b)绘制底稿：根据轴向尺寸，作出竖直方向定位线

(c)根据径向尺寸，确定水平线的位置

(d)连点成线，擦除多余图线并完成到角、圆角等

(e)画尺寸界线和尺寸线

(f)检查描深，画箭头，注尺寸，填写标题栏

图 1.24　零件图抄画过程

4）检查描深

完成底稿后再次检查零件结构是否表达清楚，图样是否有缺漏线，点画线画法是否正确。确认无误后开始描深。

描深的顺序是自上而下，自左至右，先曲后直，先水平后竖直。描完图形后画箭头、填写尺寸数字、填写标题栏，最后修饰校对图样，完成全图。

5）标注尺寸

按照样图尺寸标注方案，依次画出尺寸界线、尺寸线和箭头，填注尺寸数字。

6）检查图样和尺寸标注，填写标题栏

再次检查图样有无缺漏线，是否符合标准规定，尺寸标注是否正确，有无缺漏，尺寸分布是否合理等。检查无误后填写标题栏。标题栏填写内容：零件名称，材料、比例、绘图人姓名，绘图时间,单位可填写学校、班级或小组名称。

【学习日志】

能回答下述问题吗?		自我评价
1.绘制图样分哪几个步骤?		
2.对照样图,试说明自己抄画作业与样图的差距。		
3.类似的轴类零件,能否测量尺寸并绘制其零件图。试根据下图绘制零件图。		

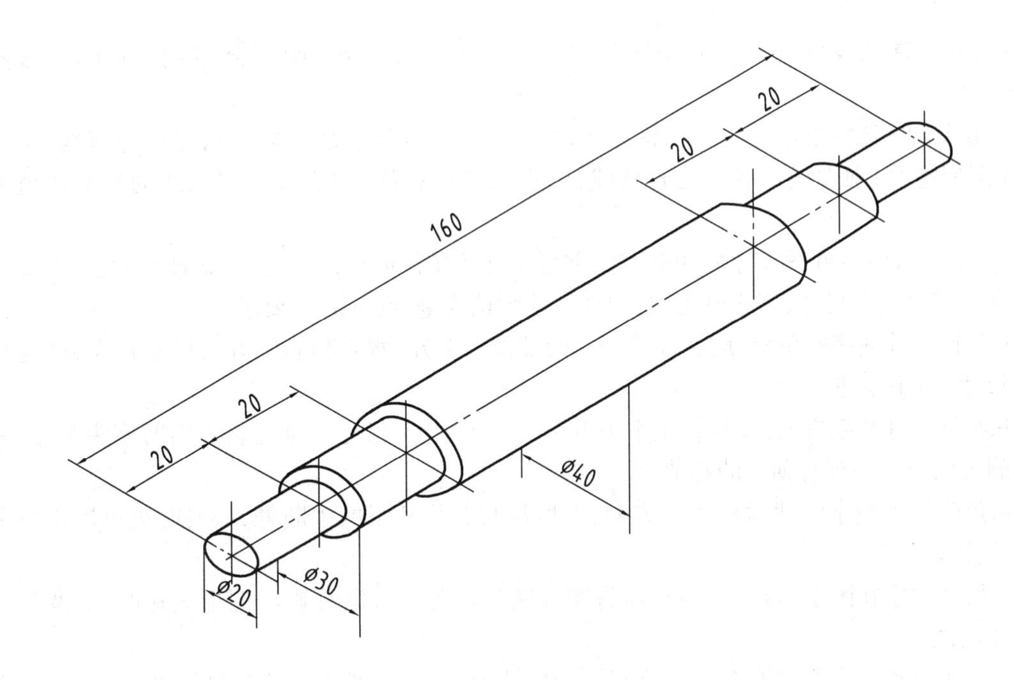

活动四　任务小结

【学习要点】

1.沟通交流,敢于表达,能接受批评意见;

2.能正确评价自己,能客观评价他人;

3.通过对比找出自己的优势和不足,思考改进办法。

一、任务要点回顾

1)零件图相关标准

零件图内容包括一组图形,完整尺寸,技术要求、标题栏信息。

①图纸幅面尺寸见表 1.1,常用标准图纸从 A0 至 A4 共 5 种规格,A0 图纸对折可得到 A1 图纸,A1 图纸对折可得到 A2 图纸,以此类推。

②标题栏:标题栏格式及各部分尺寸如图 1.4 所示;零件图标题栏填写内容包括:零件名称、图样比例、材料、数量、图号、单位、制图校核人签字及日期。

③比例:图样与实物同等大小为原值比例,即 1∶1;图样比实物大为放大比例,如 2∶1;图样比实物小为缩小比例,如 1∶2。

若表达对象复杂程度和尺寸适中时,推荐使用原值比例;若表达对象尺寸较大时,可采用缩小比例;若表达对象尺寸过小时采用放大比例。选择比例时要考虑表达效果和图面的美观,同时要结合图纸幅面尺寸来确定。

④字体:汉字、数字、字母要求字体工整、笔画清晰、间隔均匀、排列整齐,汉字为长仿宋体。

⑤图线:常用线型见表 1.3,图样要求线型正确,粗细分明,间隔合理,图线干净,线条流畅。

常用线型用途:粗实线→可见轮廓线;细实线→尺寸线、尺寸界线、可见的过渡线、引出线、作图痕迹等;细虚线→不可见轮廓线;细点画线→轴线、中心线。粗细线的线宽比值为 3∶1。

⑥尺寸标注:零件图尺寸标注基本要求是完整、清晰、正确,尺寸分布合理、美观。所标注的尺寸为零件完工尺寸,与比例无关;线性尺寸默认为毫米(mm)。要求:

a.线性尺寸数字的位置,应在尺寸线中间部位的上方(水平和倾斜方向尺寸)、左方(竖直方向尺寸)或中断处。

b.线性尺寸数字方向:尺寸线是水平方向时字头朝上,尺寸线是竖直方向时字头朝左,其他倾斜方向时字头要有朝上的趋势。

c.角度尺寸数字一律写成水平方向,一般注写在尺寸线的中断处,必要时也可以用指引线引出注写。

d.尺寸数字在图中遇到图线时,需将图线断开。若图线断开影响图形表达时,需调整尺寸标注的位置。

e.尺寸线和尺寸界线用细实线绘制。一般情况下,尺寸线不能用其他图线代替,也不得与其他图线重合或画在其他图线的延长线上。

f.尺寸线的终端有箭头和斜线两种形式,机械图样多采用箭头。同一张图上(或斜线)大小要一致,一般应采用同一种形式。箭头尖端应与尺寸界线接触,其画法如图 1.10 所示。当采用箭头时,在位置不足的情况下,允许用圆点或斜线代替箭头。尺寸线和斜线用细实线绘制。

2)绘图工具、仪器和用品

①常用绘图工具有图板、丁字尺、三角板、比例尺等。

②常用绘图仪器有圆规、分规、弹簧规等。

③必备的绘图用品有图纸、铅笔、橡皮、透明胶带等。

3)绘图步骤

准备工作—布图—绘底稿—检查描深—标注尺寸—填写标题栏。

二、作业展示与评价

各学习小组根据本组情况，选送一份最能代表自己小组水平的图样，随图样附带一份完成自评分值的评分标准（见表 1.4），在教室展示，其中的优秀作业作为样本保存。

表 1.4　评分标准

小组名称：　　　　　　　　　　　绘图人姓名：　　　　　　　　　　　日期：

评价项目	内容及要求	配分	自评	互评	师评
图幅图框	图纸幅面尺寸符合标准规定，图框规格符合标准规定	5			
布图	布图均匀合理，比例选取恰当	10			
图形	图形正确	20			
图线	线型正确，粗细分明，间隔合理	10			
	图线干净，线条流畅	10			
尺寸标注	尺寸标注正确、完整、规范，箭头符合国家标准	10			
文字	文字书写符合国标，字体工整；汉字、数字和字母均应遵守国家标准的规定	5			
图面整洁度	图面整洁、美观	8			
标题栏	标题栏及文字书写符合国家标准，内容填写准确	4			
工具仪器使用	作图过程中，工具、仪器能合理摆放，能规范使用绘图工具和仪器，无损坏	8			
态度	能专注作图，能及时反馈问题，能和他人交流、沟通、合作，能接受批评建议	10			
总　分		100	×30%	×30%	×40%
分值汇总					
点评记录					

各学习小组对展出的其他各组作业给予评分，对分值偏差比较大的项目，评分人作出解释。每组派代表陈述本组作业的优缺点，根据陈述情况酌情加分。

三、反思

课后反思		自我评价
1.完成本学习任务花费了多少学时的时间,在哪些方面还可以提高效率?		
2.还有哪些方面的知识需要回顾温习;还有哪些方面的技能需要多加练习?		
3.完成本学习任务的过程中,其表现能否令自己满意,该如何改进?		

任务 2
平面图形抄画

【目的要求】

1.了解机械制图的国家标准,能熟练使用常用绘图工具和仪器;

2.能等分线段、等分圆;

3.能理解圆弧连接原理,对照标准样图抄画平面图形;

4.能养成良好的绘图习惯和与人交流的能力。

活动一　圆周等分

【学习要点】

1.直线段和圆周的等分画法;

2.斜度和锥度的画法;

3.绘制简单的平面图形(圆内接五角星)。

无论零件简单还是复杂,其投影轮廓都是由一些直线、圆弧或其他曲线所组成的平面图形。因此,应基本掌握一些常见平面图形的作图方法,以及图形与尺寸之间的相关联系。

一、等分作图

1)等分线段

平行线法:如图 2.1 所示,将线段 AB 九等分。先由一端点 A 作任意射线 AC,在 AC 上以适当长度截取 1、2、3、4、5、6、7、8、9 个等分点。连接 9B,并过 8、7、6、5、4、3、2、1 各点分别作 9B 的平行线,即可得线段的 9 个等分点。

试分法：将已知线段 AB 分成 4 等份，如图 2.2 所示。首先估计每一等份的长度 A1，用分规目测 4 等份依次从 A 点到达 4 点。若没将线段 AB 分尽，再调整分规长度，增加 e/4 长度，再重新等分线段 AB，重复前面的方法直到将线段 AB 等分为止。

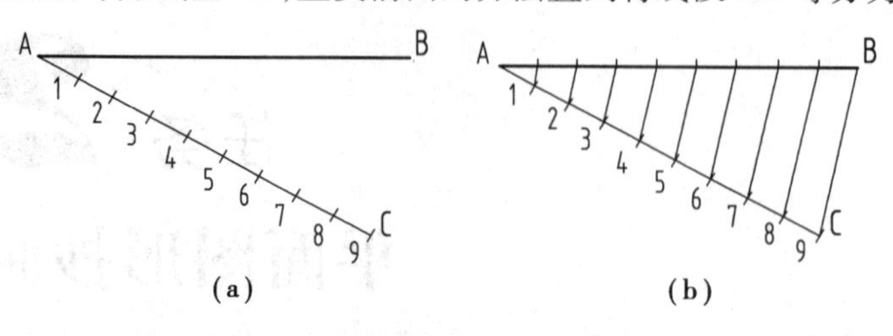

图 2.1 平行线法画线段的九等分

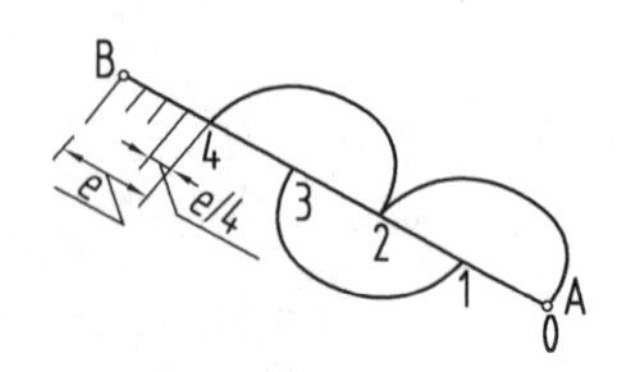

图 2.2 试分法 4 等分

2）等分圆周及作正多边形

将一圆分成所需要的份数即是等分圆周的问题。作正多边形的一般方法是先作出正多边形的外接圆，然后将其等分，因此等分圆周的作图包含作正多边形的问题。作图时可用三角板、直尺配合等分，也可用圆规等分，在实际作图时采用方便快捷的方法。

（1）圆周的三、六等分

三等分做法：如图 2.3 所示。

六等分做法：用圆规作六等分方法如图 2.4 所示。

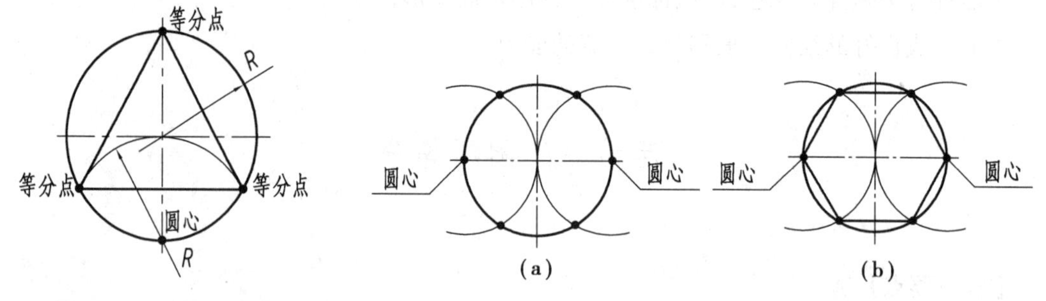

图 2.3 正三边形画法

图 2.4 正六边形画法

（2）圆周的五等分

用圆规作五等分方法，如图 2.5 所示。

二、斜度和锥度

从图 2.6 中 3 个形体的立体图中可以看出，各形体的表面上均有斜面或锥面。作图时除要用图形表达其形状外，还要在图形上作必要的标注。

1）斜度

①斜度的定义：斜度是指一条线（或平面）相对另一直线（或平面）的倾斜程度。

②斜度大小的表示方法：为两直线所夹锐角的正切值。如图 2.7 所示，斜度 $= \tan\alpha = BC/AC$。

表示斜度时将比例前项画成 1，即写成 $1:n$ 的形式。作图时选用与所注线段的倾斜方向一致的符号，如图 2.8 所示。

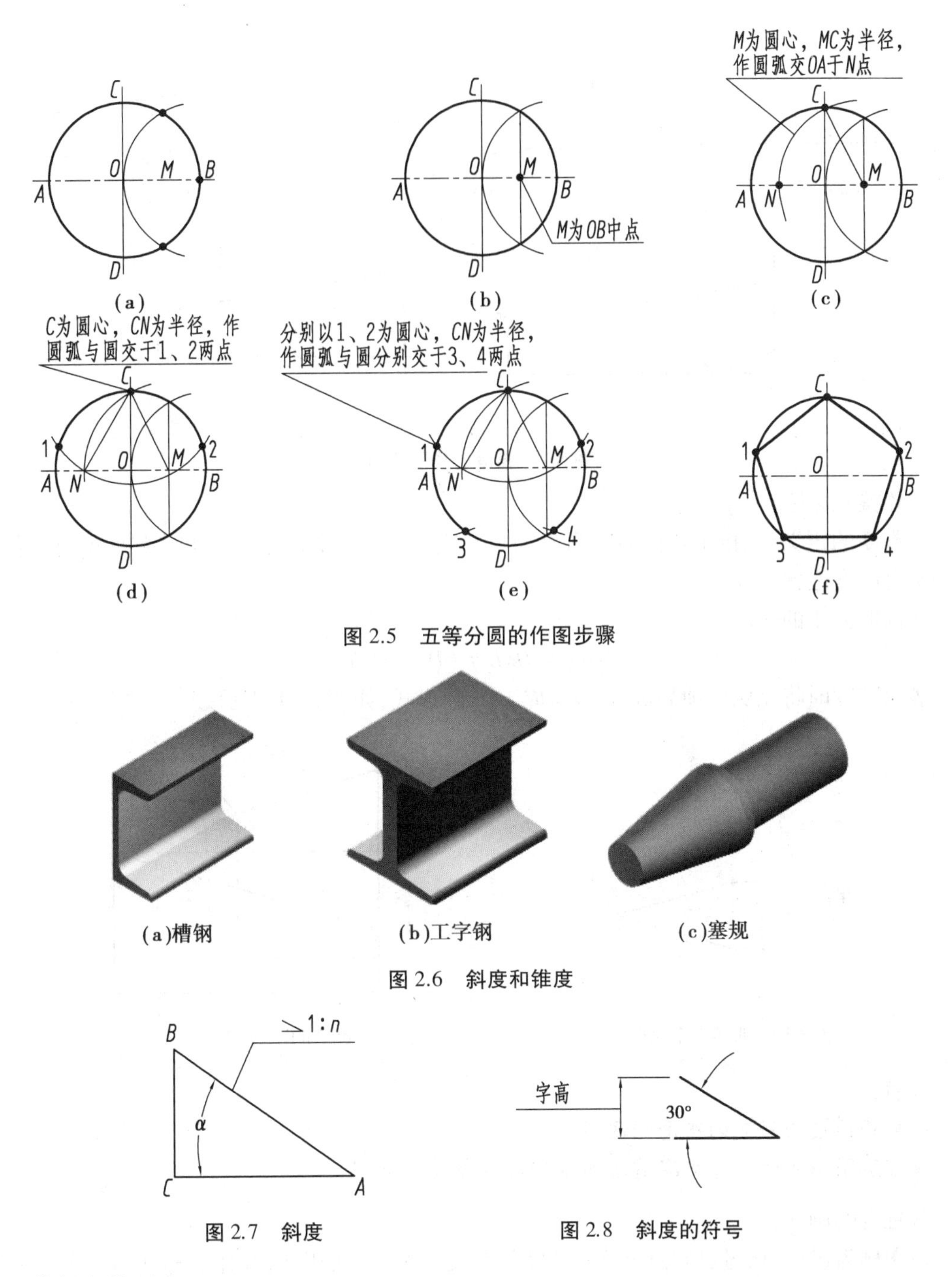

(a)　(b)　(c)　(d)　(e)　(f)

图 2.5　五等分圆的作图步骤

(a)槽钢　(b)工字钢　(c)塞规

图 2.6　斜度和锥度

图 2.7　斜度　　图 2.8　斜度的符号

③斜度的画法：

以图为例讲解：过已知点 a 作一条 1∶6的斜度线与 cd 线相交，并作出标注。

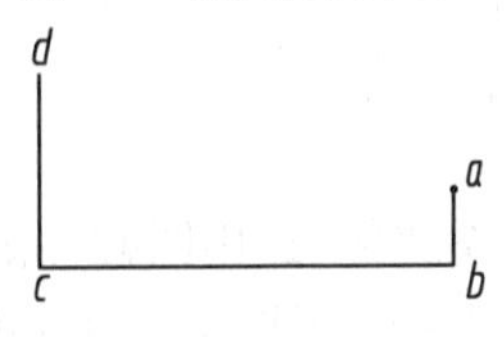

作图步骤如图 2.9 所示。

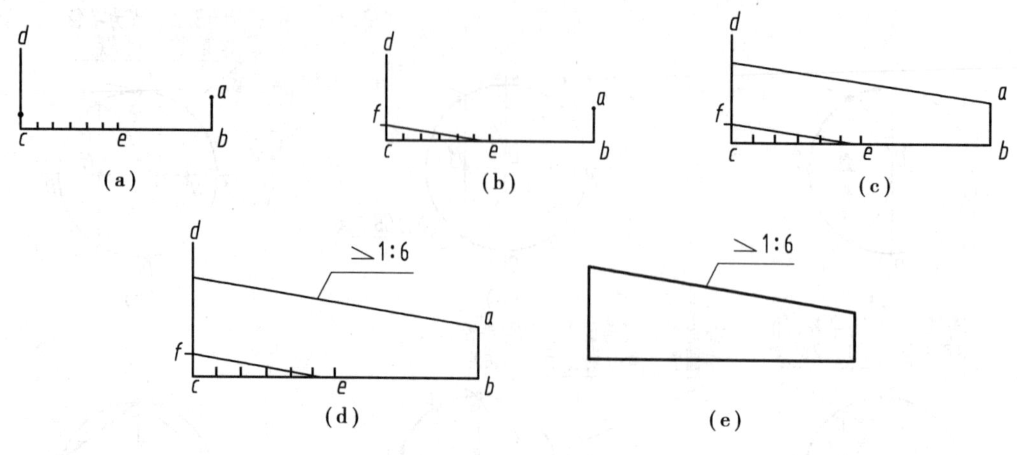

图 2.9　斜度的作图步骤

2)锥度(见图 2.10)

①锥度的定义:是指正圆锥的底圆直径与其高度之比,对于圆台锥度则为两底圆直径之差与圆台高度之比。

②锥度大小的表示:

$$锥度 = D/L = (D - d)/l$$

表示锥度时将比例前项划成 1,即写成 1∶n 的形式,如图 2.11 所示。

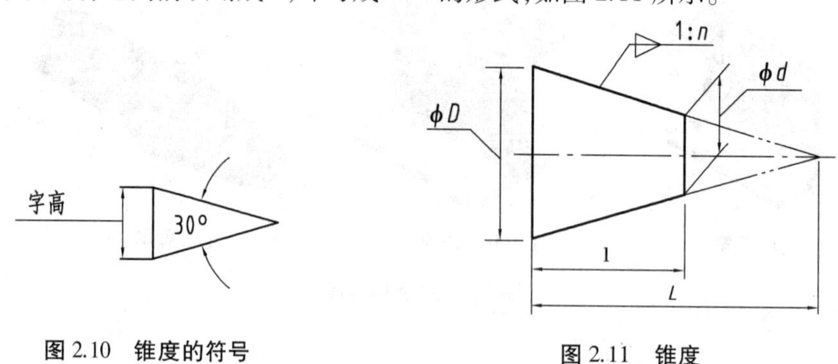

图 2.10　锥度的符号

图 2.11　锥度

注意:

* 要将锥度与斜度的概念相区别;
* 理解图形中的尺寸数字前所加字母 ϕ 的意义。

③锥度的画法:

以图例为讲解:试过已知点 a、b 作 1∶5的锥度线与 cd 线相交,并作出标注。作图步骤如图2.12所示。

三、绘制平面图形

平面图形的画图步骤如下:

①准备工作。分析图形;确定作图比例、选用图幅并固定图纸;备齐绘图工具和仪器。

②绘制底稿。布置图形,画出基准线、轴线、对称中心线;画图形,先画主体,再画细节。

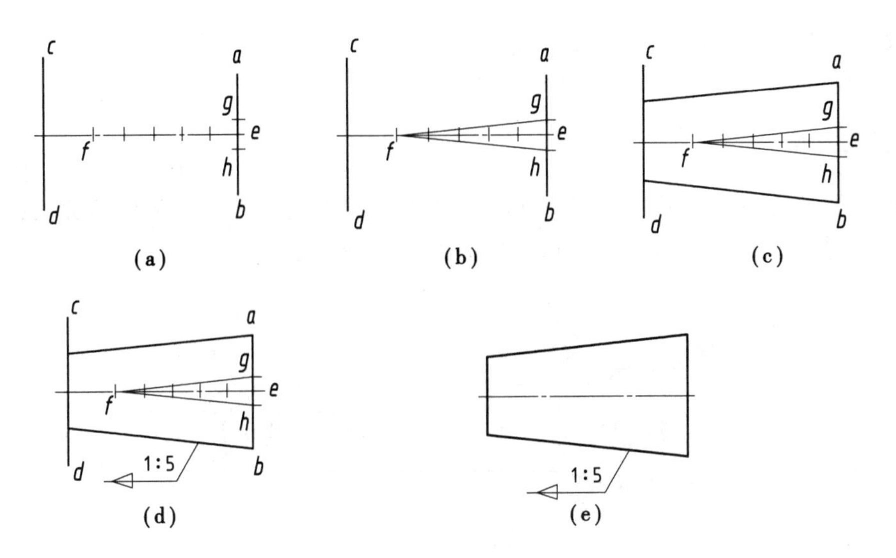

图 2.12　锥度的作图步骤

按线型要求描深底稿的原则为先粗后细；先曲后直，先水平后竖直；一次画出尺寸界线、尺寸线；画箭头、填写尺寸数字、标题栏等。

③绘图时的注意事项：描深前必须先全面检查底稿，修正错误，把画错的线、多余线和作图辅助线擦去；用 H、HB、B 铅笔描深各种图线时，用力要均匀，以保证图线浓淡一致；为确保图面整洁，要擦净绘图工具，并尽量减少三角板在已加深的图线上反复移动。

四、课堂练习

抄画图 2.13 直径为 ϕ200 的圆内接五角星。

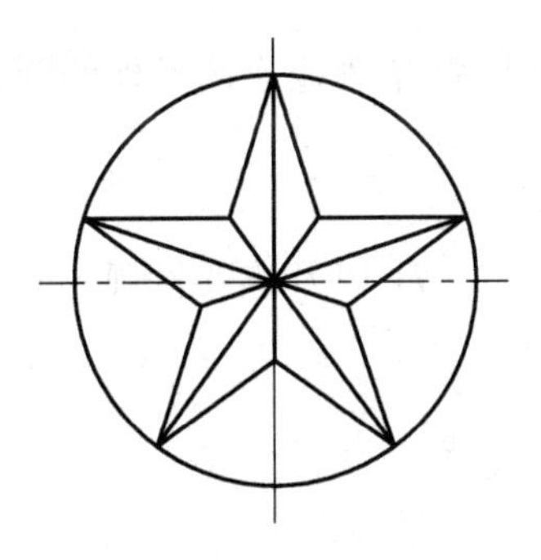

图 2.13　圆的内接五角星

活动二　吊钩绘制

【学习要点】

1.能理解圆弧连接的原理；

2.较熟练地掌握平面图形的画法和步骤；

3.养成良好的绘图习惯和一定的审美能力。

一、圆弧连接

分析问题：从扳手的图形可以看出，圆弧连接的实质是几何要素间相切的关系；圆弧连接的目的是达到光滑连接的要求。如图 2.14 所示为扳手的轮廓图。

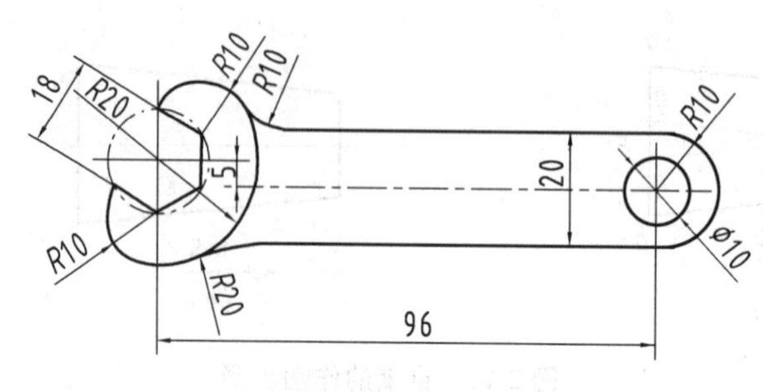

图 2.14　扳手

作图时需要解决的两个问题：

①确定连接圆弧圆心的位置；

②准确定出切点（连接点）的位置。

圆弧连接的形式有：

①用圆弧连接两已知直线；

②用圆弧连接两已知圆弧；

③用圆弧连接一直线和一圆弧。

1）圆弧连接的定义

绘制机件图形时，经常需要用圆弧光滑地连接另外的圆弧或直线，这种连接相邻两线段的作图方法，称为圆弧连接。

2）用圆弧连接两直线

问题的提出：已知两已知直线 L_1、L_2 以及连接圆弧半径 R，试作出连接，如图 2.15 和图 2.16所示。

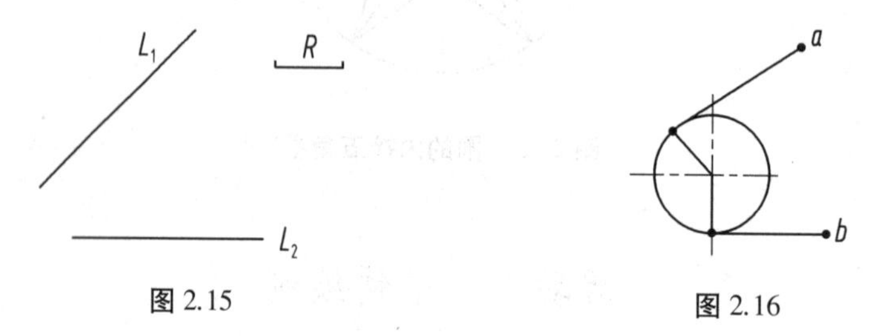

图 2.15　　图 2.16

直线与圆相切的关系：

①圆心到两条切线的距离相等即等于圆的半径；

②过圆心作切线的垂线，垂足即为切点。

作图步骤如图 2.17 所示。

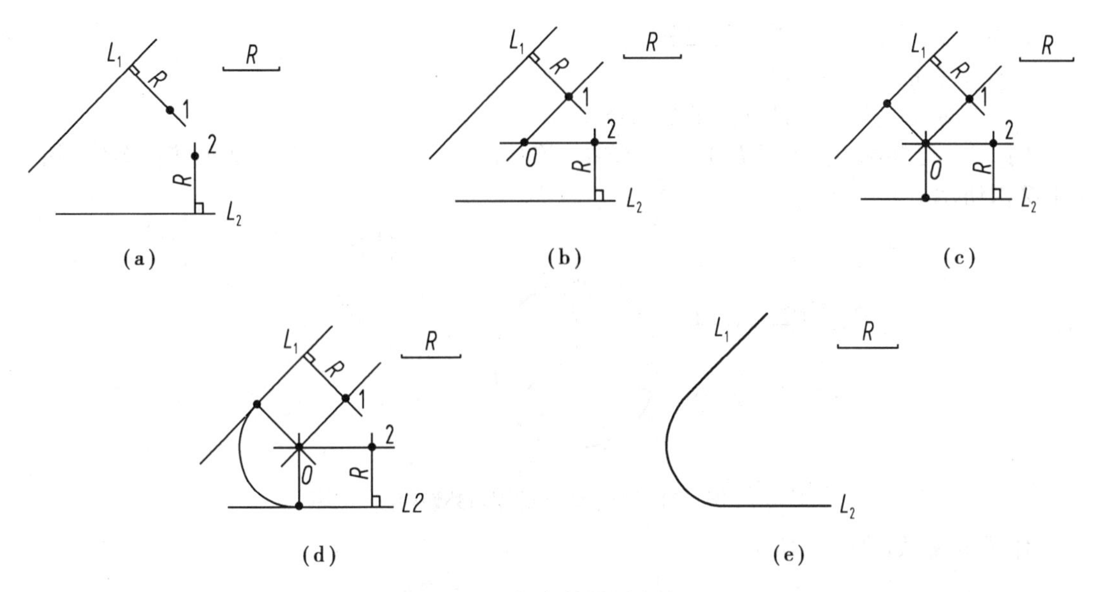

图 2.17　锐角的圆弧连接

两直线交成直角的连接方法：

问题的提出：已知两已知直线 L_1、L_2 垂直相交以及连接圆弧半径 R，试作出光滑连接。

作图步骤如图 2.18 所示。

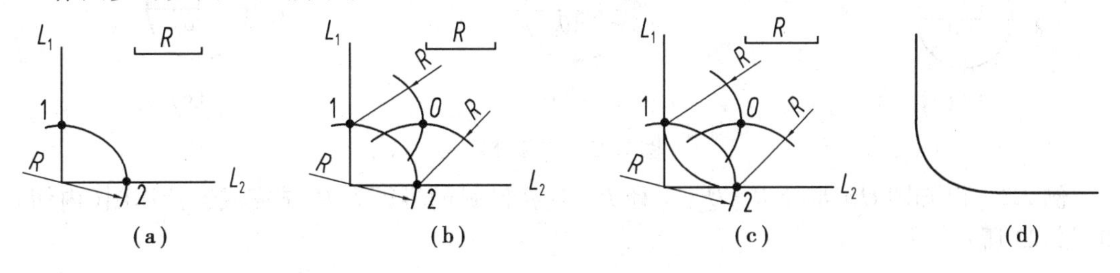

图 2.18　直角的圆弧连接

3) 用圆弧连接两圆弧

用圆弧连接两圆弧，作图依据的是几何中两圆相切的基本关系。圆与圆相切分为内切和外切。

两圆内切：如图 2.19 所示。

两圆中心距等于两圆的半径之差：

中心距　$A = R_1 - R_2$

两圆心连线的延长线和圆的交点即是切点。

两圆外切：如图 2.20 所示。

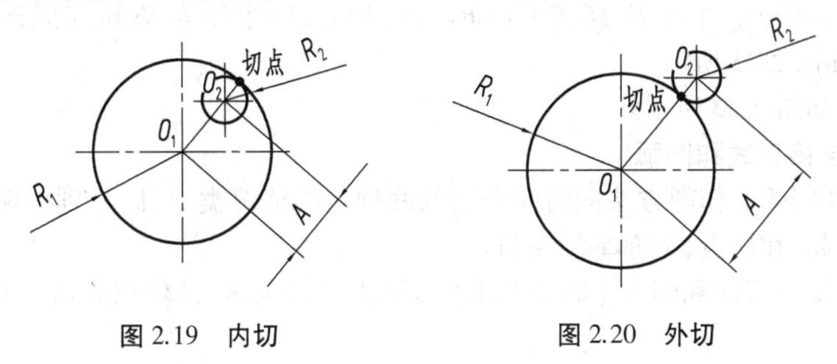

图 2.19　内切　　图 2.20　外切

两圆中心距等于两圆的半径之和

中心距　$A=R_1+R_2$

两圆心连线和圆的交点即是切点。

例 2.1　已知圆 O_1(半径 R_1)O_2(半径 R_2)连接圆弧的半径为 R,试完成连接作图(外切),如图2.21所示。

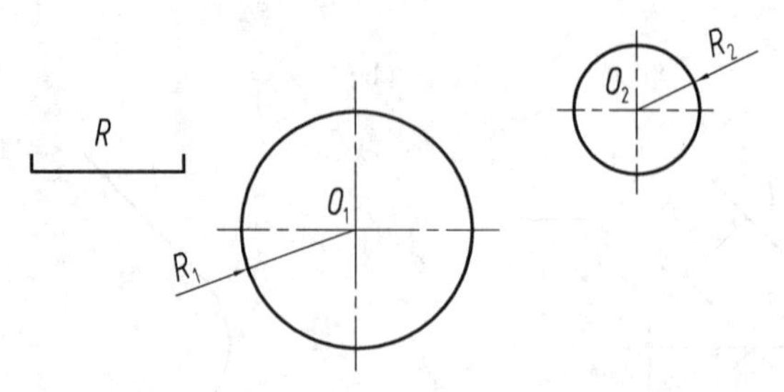

图 2.21　半径为 R 的圆弧外切两圆

作图步骤,如图 2.22 所示。

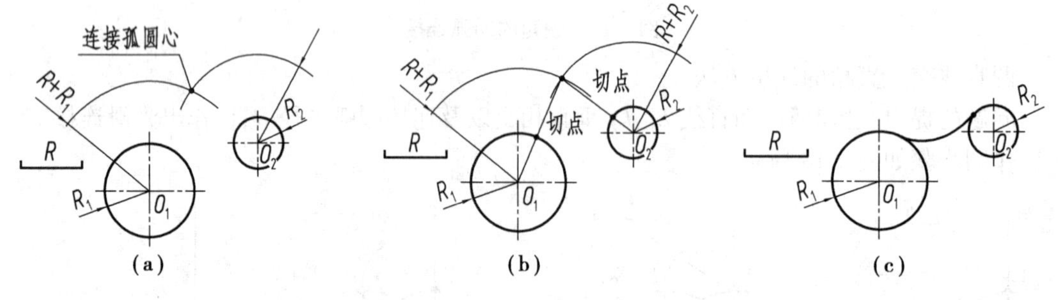

图 2.22　圆弧外切

例 2.2　已知圆 O_1(半径 R_1)O_2(半径 R_2)连接圆弧的半径为 R,试完成连接作图(内切),如图 2.23 所示。

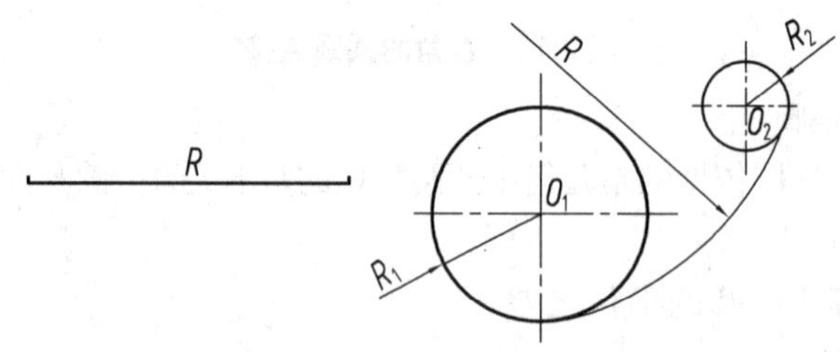

图 2.23　半径为 R 的圆弧内切两圆

作图步骤,如图 2.24 所示。

例 2.3　已知圆 O_1(半径 R_1)O_2(半径 R_2)连接圆弧的半径为 R,试完成连接图(与 O_1 外切,O_2 内切),如图 2.25 所示。

作图步骤,如图 2.26 所示。

4)用圆弧连接直线和圆弧

连接直线和圆弧的作图方法同前面介绍的两种连接情况类似,即分别按照连接直线和圆弧的方法求出圆心和切点,下面举例说明。

例 2.4　已知一直线和圆 O_1(半径 R_1)连接圆弧半径为 R,试作出光滑连接(与圆切),如图 2.27 所示。

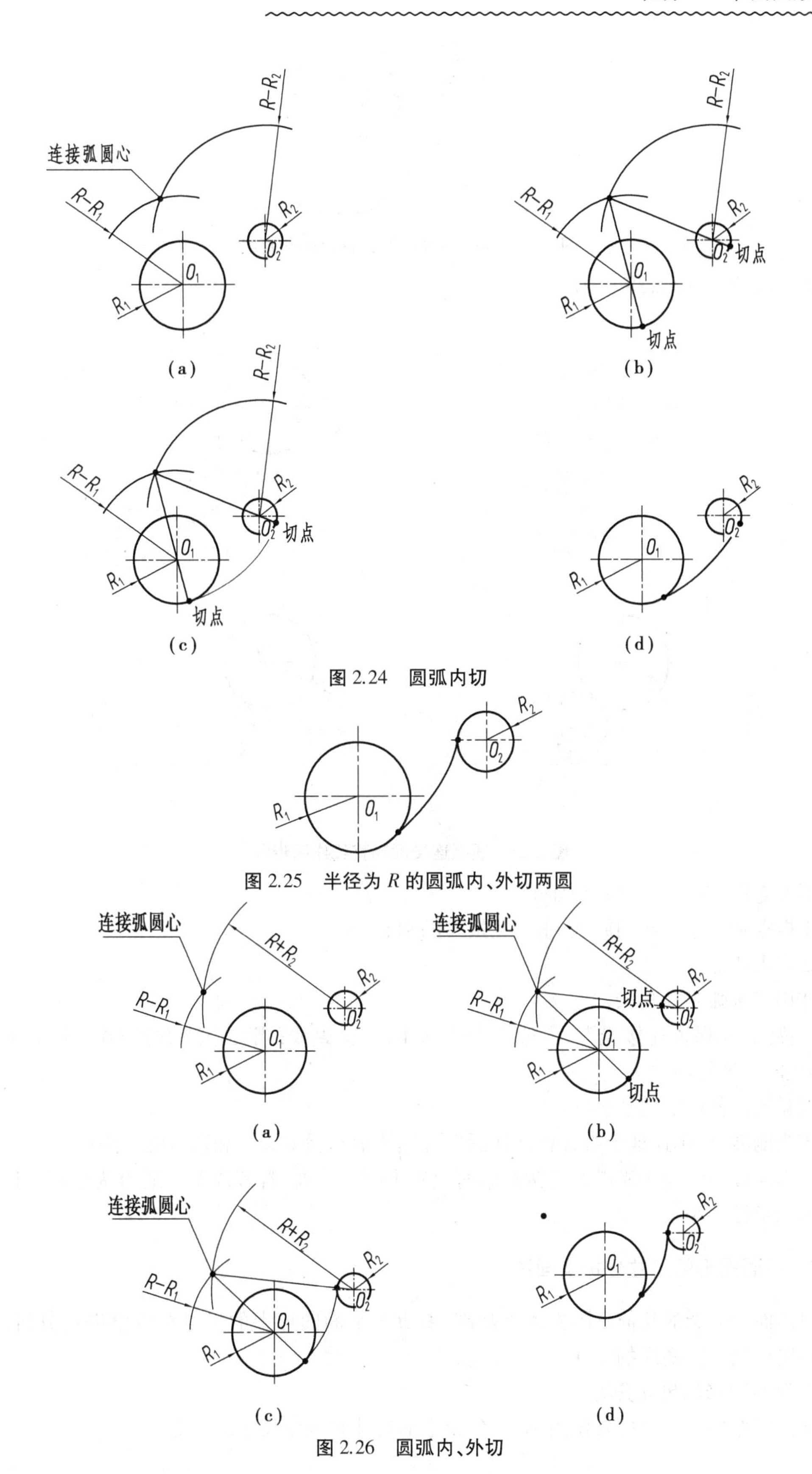

图 2.24　圆弧内切

图 2.25　半径为 R 的圆弧内、外切两圆

图 2.26　圆弧内、外切

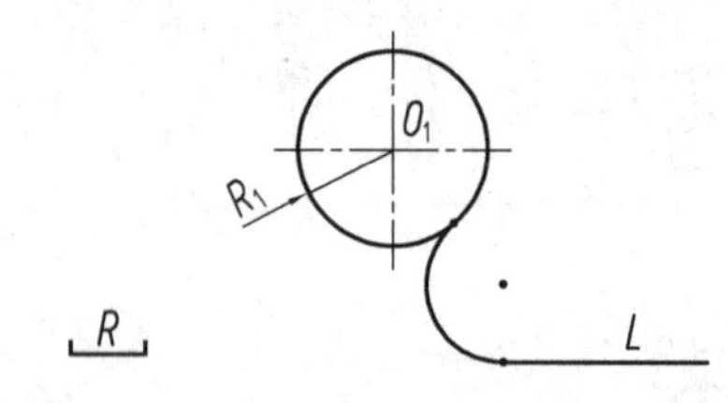

图 2.27 半径为 R 的圆弧连接圆和直线

作图步骤,如图 2.28 所示。

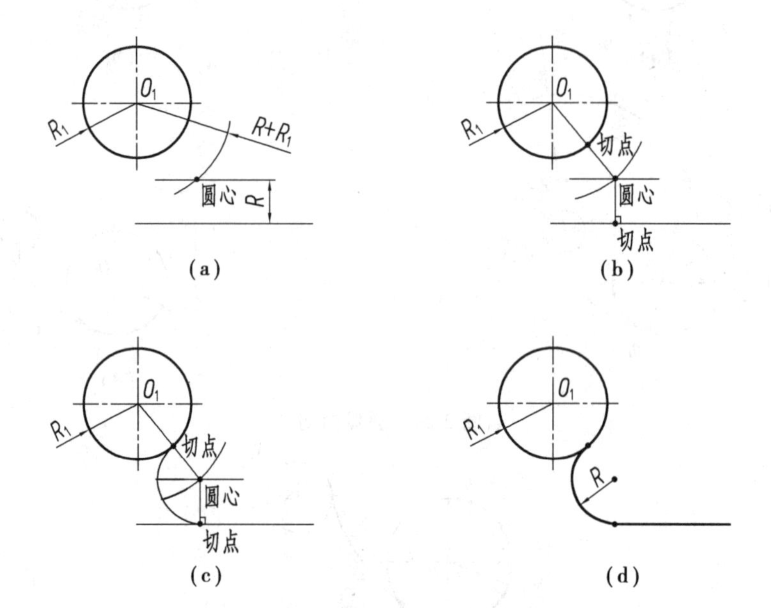

图 2.28 圆弧连接圆和直线作图步骤

圆弧连接作图步骤可归纳如下:

①根据圆弧连接作图原理,求出连接弧的圆心;

②求出切点;

③用连接弧半径画弧;

④描深,为保证连接光滑,一般应先描圆弧,后描直线;当几个圆弧相连接时,应依次相连,避免同时连接两端。

圆弧连接作图的注意事项:

①为能准确、迅速地绘制各种几何图形应熟练地掌握求圆心和切点的方法;

②为保证图线连接光滑作连接圆弧前应先用圆规试画,若有误差可适当调整圆心位置或连接圆弧半径大小。

二、平面图形的尺寸分析及画法

以前面所介绍的几何作图方法为基础,着重对平面图形中的尺寸和线段进行分析,目的在于确定绘制平面图形的步骤。

1)平面图形的尺寸分析

平面图形中的尺寸按其作用不同,分为定形尺寸和定位尺寸两大类。

(1)定形尺寸

指确定平面图形上几何要素大小的尺寸。如图2.29所示中线段的长度(80)、半径(*R*18)或直径(*ϕ*15)等。

(2)定位尺寸

指确定几何要素相对位置的尺寸。如图2.29中的70、50。

(3)尺寸基准

定位尺寸的起点称为尺寸基准。对平面图形而言,有长和宽两个方向的基准。

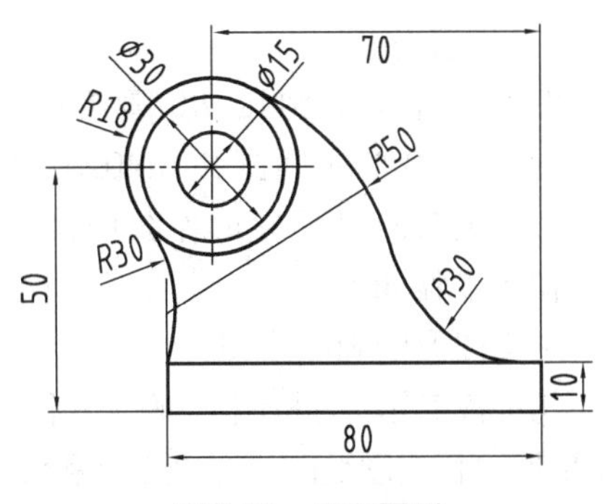

图2.29　平面图形

通常以图形中的对称线、中心线以及底线、边线作为尺寸基准。

2)平面图形的线段(圆弧)分析

一般情况下,要在平面图形中绘制一段圆弧,除了要知道圆弧的半径外还需要有确定圆心位置的尺寸。

从图2.29可以看到,有的圆、圆弧有两个确定圆心位置的尺寸,如图2.29所示中*R*18,而有的圆或圆弧没有圆心位置尺寸,如图2.29中的*R*30。

按平面图形中圆弧的圆心定位尺寸的数量不同,将圆弧分为已知圆弧、中间圆弧和连接圆弧。

(1)已知圆弧

其圆心具有长和宽两个方向的定位尺寸,或者根据图形的布置可以直接绘出的圆弧,如图2.29中的*R*18等。

(2)中间圆弧

中间圆弧的圆心只有一个方向的定位尺寸,作图时要依据该圆弧与已知圆弧相切的关系确定圆心的位置,如图2.29中的*R*50。

(3)连接圆弧

连接圆弧没有确定圆心位置的定位尺寸,作图时是通过相切的几何关系确定圆心的位置,如图2.29中的*R*30。

画图时,应先画已知圆弧,再画中间圆弧,最后画连接圆弧。

3)平面图形的绘图步骤

根据上面的分析,平面图形的绘图步骤可归纳如下:

①画基准线,定位线;

②画已知圆弧;

③画中间圆弧;

④画连接圆弧;

⑤经检查、整理后加深图线。

试分析手轮图形中的尺寸和圆弧,确定绘制该平面图形的步骤并作出此图形。

(1)尺寸分析

图2.30中*R*40、*R*8、*R*50、*R*15以及*ϕ*20、*ϕ*5均为定形尺寸。图2.30中的8、*ϕ*30和115为定位尺寸。

(2)圆弧分析

图 2.30 中 $R15$ 圆弧、$R8$ 圆弧和 $\phi5$ 为已知圆弧,$R50$ 为中间圆弧,$R40$ 弧则为连接圆弧。图 2.31 为手轮的作图步骤。

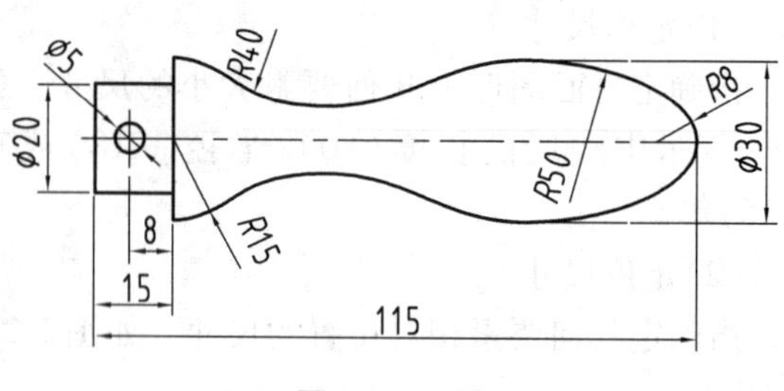

图 2.30　手柄

作图步骤如下:

平面图形的画图步骤:

①准备工作。分析图形;确定作图比例、选用图幅并固定图纸;备齐绘图工具和仪器。

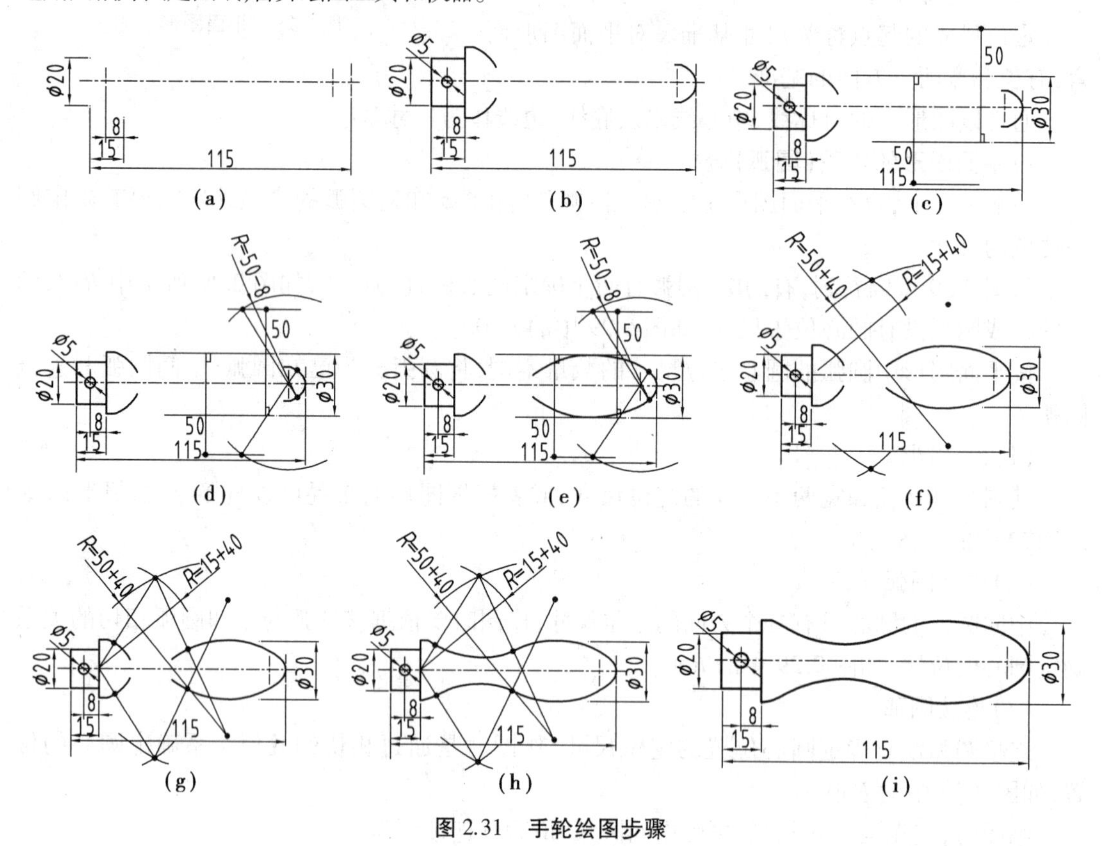

图 2.31　手轮绘图步骤

②绘制底稿。布置图形,画出基准线、轴线、对称中心线;画图形,先画出图形主体,再画细节部分。

按线型要求描深底稿的原则为先粗后细;先曲后直,先水平后竖直,再倾斜;自上而下,从左到右;一次画出尺寸界线、尺寸线;画箭头、填写尺寸数字、标题栏等。

③绘图时的注意事项:描深前必须先全面检查底稿,修正错误,把画错的线、多余线和作图辅助线擦去;用 H、HB、B 铅笔描深各种图线时,要用力均匀,以保证图线浓淡一致;为确保图面整洁,要擦净绘图工具,并尽量减少三角板在已加深的图线上反复移动。

④画箭头,填写尺寸数字、标题栏等。

三、课堂练习

抄画如图 2.32 所示吊钩的平面图形。

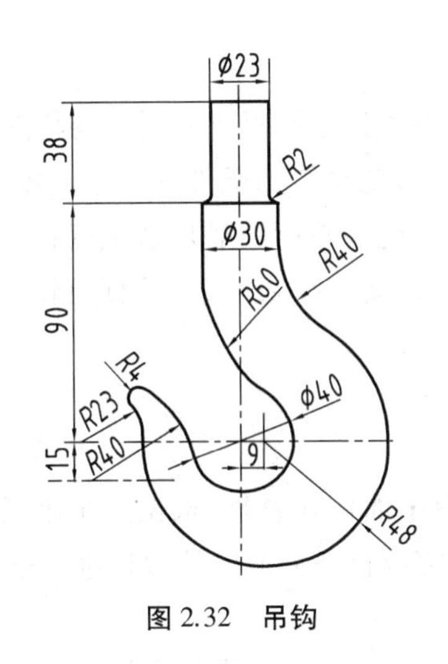

图 2.32　吊钩

【学习日志】

能回答下述问题吗？		自我评价
1.会等分直线段和圆周吗？		
2.简述圆弧连接的实质和目的？		
3.依据线型要求描深底稿的原则是什么？		

活动三　任务小结

【学习要点】

1.学会与人沟通，善于表达自己的想法，接受他人的意见；

2.能正确评价自己与他人；

3.相互比较，提出不同意见，取长补短，共同进步。

一、任务要点回顾

“平面图形画法”是绘图的基础，通过本单元的教学，要为今后的绘图技能奠定好两个基础：

①绘图的基本技能基础包括绘图工具的使用技巧，画图线时铅笔的走向及运力，图面合理的布局及正确的作图步骤等，因此，学好“平面图形画法”对今后各个章节的绘图，无论在图面质量及作图效率方面，都起着重要的作用。

②尺寸注写基础即解决好尺寸注写原则中的“正确”二字，及明确尺寸标注原则，掌握尺寸注写方法和技巧，这对于今后在视图上“正确”注写出立体或零件的尺寸非常重要。因此，

要重视这两个基础的训练。

“平面图形画法”是训练绘图的技能，要处理好看图与绘图的关系。平面图形实际上就是机件的轮廓图，因此，绘制平面图形就是绘制机件的一个视图。绘图首先要分析平面图形的线段及尺寸；对线段的分析就是对机件轮廓图的形状识读；对定位及定形尺寸的分析就是对机件轮廓图的尺寸基准及尺寸的识读。可见，“平面图形画法”不仅要训练好绘图技能，同时也是进行看图训练。

二、作业展示与评价

各学习小组将任务二的所有书面作业整理，根据本小组情况，选送一份最能代表自己小组水平的图样，随图样附带一份完成自评分值的评分标准（见表2.1），在教室展示，评出的优秀作业作为样本保存。

表2.1　评分标准

小组名称：　　　　　　　　绘图人姓名：　　　　　　　　日期：

评价项目	内容及要求	配分	自评	互评	师评
圆内接五角星	尺寸 $\phi 50$	10			
	立体感强，整洁美观	10			
五角星平面图	布图均匀合理	10			
	尺寸正确，等分正确	10			
	图线正确、清晰，图面整洁美观	10			
吊钩	布图均匀合理	10			
	尺寸正确，圆弧连接	10			
	图线正确、清晰，图面整洁美观	10			
工具仪器使用	作图过程中工具、仪器能合理摆放，能规范使用绘图工具和仪器，无损坏	10			
态度	能专注作图，能及时反馈问题，能和他人交流、沟通、合作，能接受批评建议	10			
总　分		100	×30%	×30%	×40%
分值汇总					
点评记录					

各学习小组对展出的其他各组作业给予评分，对分值偏差比较大的项目，评分人作出解释。每组派代表陈述自己作业的优点，根据陈述情况酌情加分。

任务 3

投影作图基础学习

【目的要求】

1.掌握投影原理和三视图的形成；
2.掌握简单形体的三视图画法；
3.具有初步的空间想象能力和思维能力。

活动一　认识投影体系

【学习要点】

1.三视图的形成；
2.绘制简单三视图；
3.建立空间想象能力和思维能力。

物体在阳光或灯光的照射下，都会在地面或墙壁上留下其影子，这就是一种投影现象。人们根据这种自然现象，通过反复科学的抽象和研究，总结出影子和物体之间的几何关系，逐步形成了投影法。

所谓投影法，就是投射线通过物体向选定的面投射，并在该面上得到图形的方法。

一、投影的概念与分类

在制图中，把光源称为投影中心，光线称为投射线，光线的射向称为投射方向，落影的平面（如地面、墙面等）称为投影面，影子的轮廓称为投影，用投影表示物体的形状和大小的方法称为投影法，用投影法画出的物体图形称为投影图，如图3.1所示。

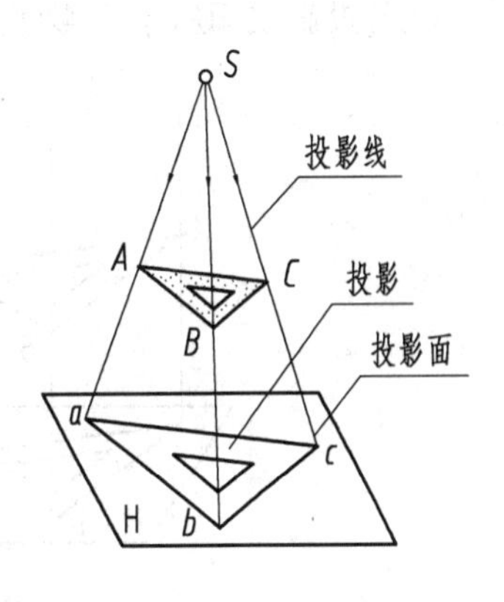

图3.1　投影的形成

投影分中心投影和平行投影两大类，平行投影又分为斜投影和正投影两大类，如图3.2所示。

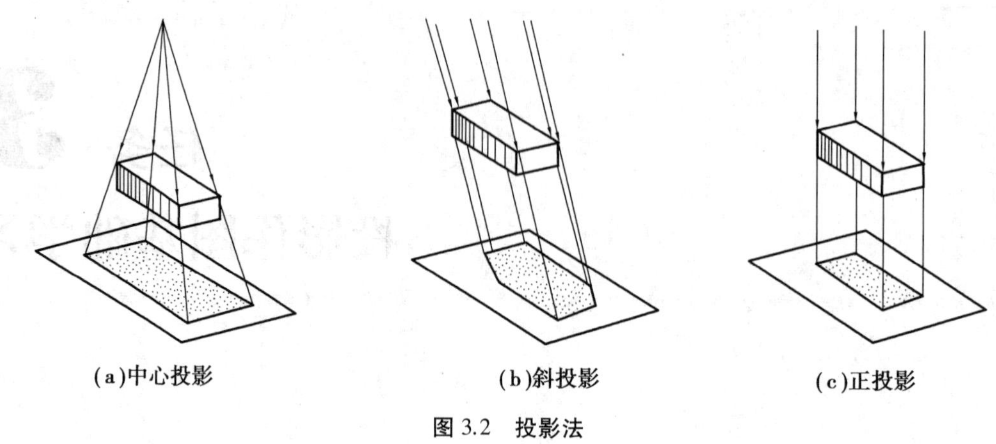

(a)中心投影　　(b)斜投影　　(c)正投影

图3.2　投影法

投影法分类如下：

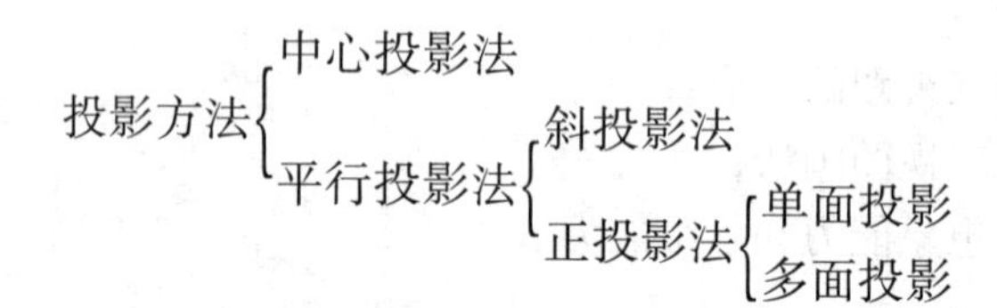

1）中心投影法

投射线从投影中心出发的投影法称为中心投影法，所得投影称为中心投影，如图3.1所示，通过投影中心S作出$\triangle ABC$在投影面P上的投影：投射线SA、SB、SC分别与投影面P交于点a、b、c，而$\triangle abc$就是$\triangle ABC$在投影面P上的投影。

在中心投影法中，$\triangle ABC$的投影$\triangle abc$的大小随投影中心S距离$\triangle ABC$的远近和$\triangle ABC$距离投影面P的远近而变化。

2）平行投影法

平行投影法根据投影线是否垂直于投影面分为正投影法和斜投影法。

①若投影线垂直于投影面，称为正投影法，所得投影称为正投影，如图3.3(a)所示。

②若投影线倾斜于投影面，称为斜投影法，所得投影称为斜投影，如图3.3(b)所示。

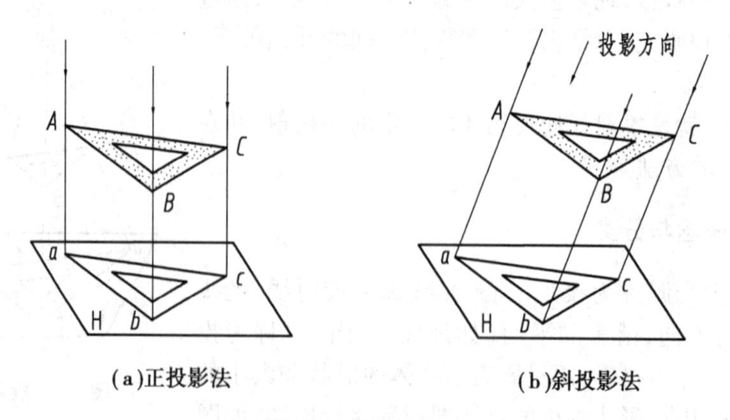

(a)正投影法　　(b)斜投影法

图3.3　平行投影法

二、正投影的基本特性

在机械图样中，视图都是通过正投影方式获得的。正投影的基本特性包括真实性、积聚性和类似性，如图3.4所示。

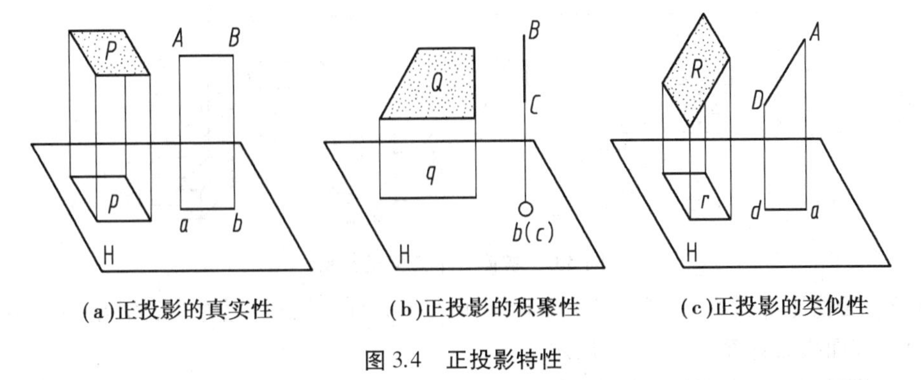

(a)正投影的真实性　(b)正投影的积聚性　(c)正投影的类似性

图3.4　正投影特性

1)真实性

当直线(或平面)平行于投影面时，其投影反映实长(或实形)，这种投影特性称为真实性。

2)积聚性

当直线(或平面)垂直于投影面时，其投影积聚成点(或直线)，这种投影特性称为积聚性。

3)类似性

当直线或平面不平行也不垂直于投影面时，直线的投影仍然是直线，但长度缩短；平面的投影是原图形的类似形(与原图形边数相同，平行线段的投影仍然平行)，但投影面积变小，这种投影特性称为类似性。

三、三视图的形成及其投影关系

在机械图样中，使用正投影法获得物体的投影图形，称为视图。绘制物体的视图时，通常将物体置于观察者与投影面之间，以观察者的视线作投射线，而将观察到的形状画在投影面上。

物体的一个方向的视图一般不能完全确定其形状和大小，因不同物体可获得相同的投影，如图3.5所示。因此必须再从其他方向作其视图，然后将几个视图结合起来才能将物体表达清楚，所以，机械制图中通常采用三视图。

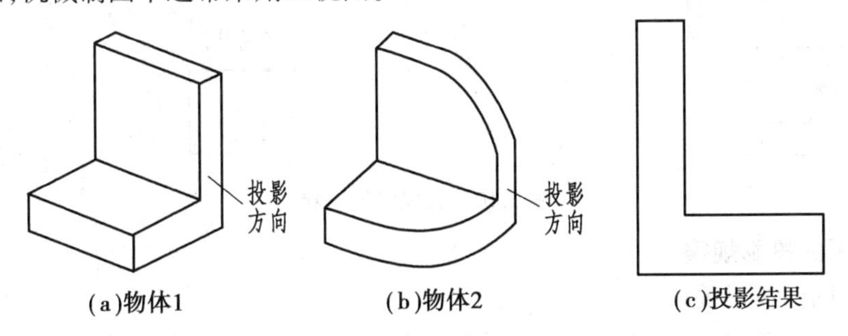

(a)物体1　(b)物体2　(c)投影结果

图3.5　不同物体获得相同的投影

1)三视图的形成

(1)三面投影体系的构成。

一般只用一个方向的投影来表达形体是不确定的(见图3.6),通常须将形体向几个方向投影,才能完整清晰地表达出形体的形状和结构。

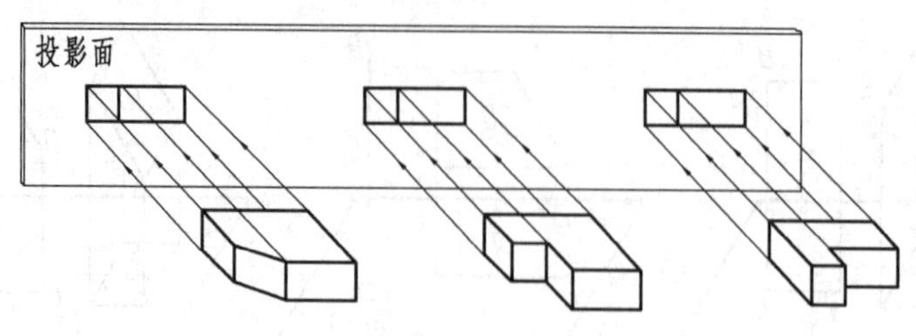

图3.6 物体一个方向的投影

由于一般物体都具有长、宽、高3个相互垂直的方向,因此,设立3个相互垂直相交的投影面,构成三面投影体系,如图3.7所示。

(2)三视图的形成原理如图3.8所示。

(3)三视图的展开,如图3.9和图3.10所示。

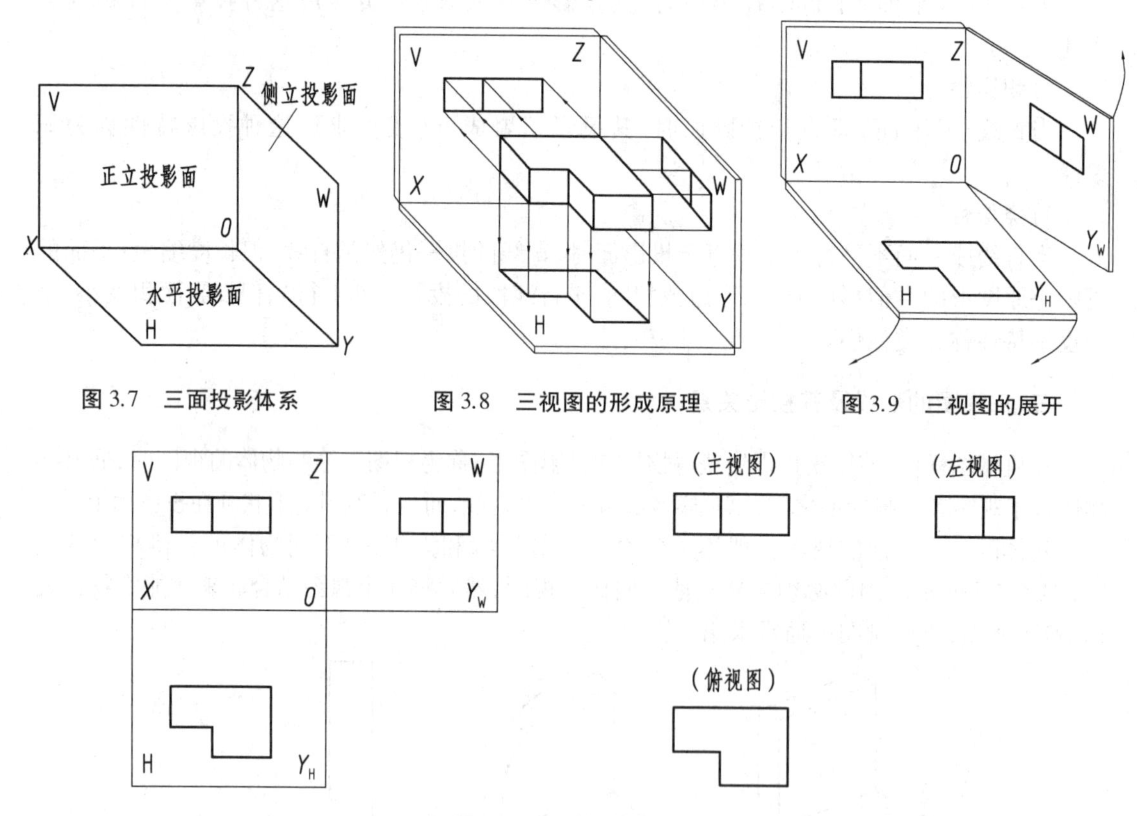

图3.7 三面投影体系　图3.8 三视图的形成原理　图3.9 三视图的展开

图3.10 三视图的形状

2)三视图的投影规律

(1)三视图的投影关系

物体有长、宽、高3个方向的大小。通常规定物体左右之间的距离为长,前后之间的距离为宽,上下之间的距离为高,如图3.11所示。

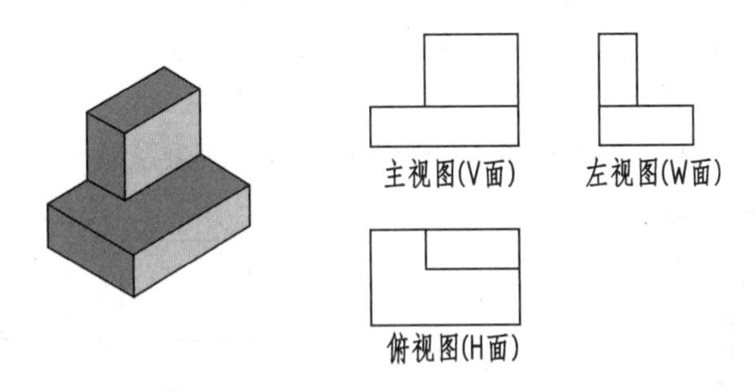

图 3.11　三视图与物体的对应关系

左视(形成 W 面投影),主视(形成 V 面投影),俯视(形成 H 面投影)。

俯视图(H 面)在主视图(V 面)的正下方;

左视图(W 面)在主视图(V 面)的正右方,这种位置关系,在一般情况下是不允许变动的。

主视图——反映物体的长度和高度;

俯视图——反映物体的长度和宽度;

左视图——反映物体的高度和宽度。

三视图的投影规律一般称为三视图的三等规律(见图 3.12):

主视图——与俯视图长对正(等长);

主视图——与左视图高平齐(等高);

俯视图——与左视图宽相等(等宽)。

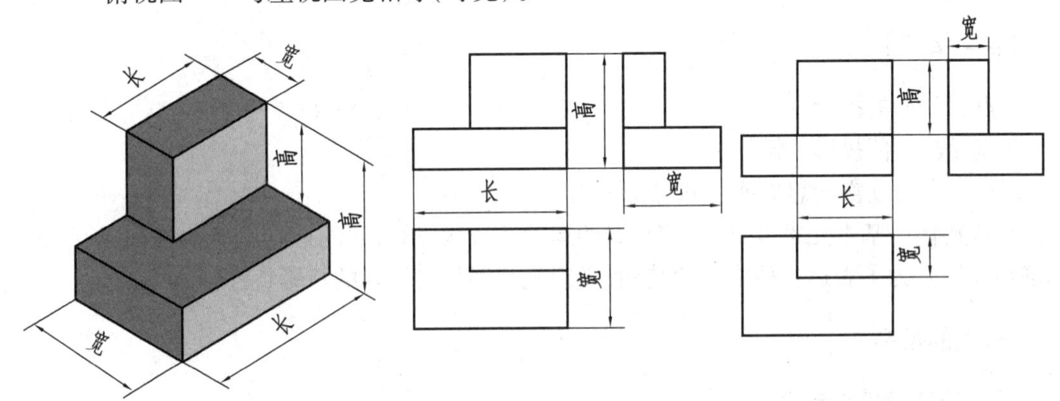

图 3.12　三视图的"三等"关系

"长对正、高平齐、宽相等"的投影关系是三视图的重要规律,不仅整个物体的三视图符合上述投影规律,而且物体上的每一组成部分的 3 个投影也符合上述投影规律,也是画图与读图的依据。

V 面、H 面(主、俯视图)——长对正;

V 面、W 面(主、左视图)——高平齐;

H 面、W 面(俯、左视图)——宽相等。

(2)三视图的方位关系

物体有上、下、左、右、前、后 6 个方位,如图 3.13 所示。

V 面(主视图)——反映了形体的上、下、左、右方位关系;

H 面(俯视图)——反映了形体的左、右、前、后方位关系;

W 面(左视图)——反映了形体的上、下、前、后位置关系。

画图和读图时,要特别注意俯视图与左视图的前后对应关系。

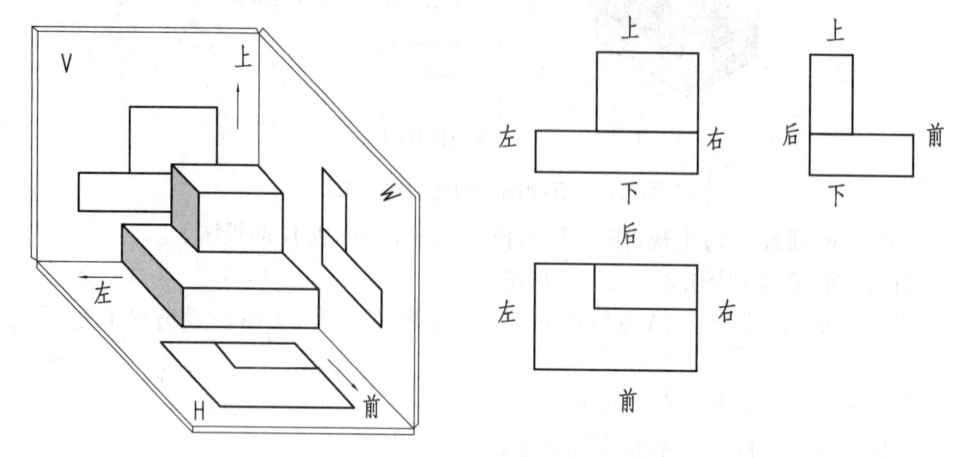

图 3.13　三视图的方位关系

活动二　熟悉投影规律

【学习要点】

1.点、线、面的投影规律;

2.点、线、面的投影特性;

3.进一步建立空间想象能力和思维能力。

组成物体的基本元素是点、线、面,点的运动轨迹构成线,线的运动轨迹构成面,面的运动轨迹构成体。为了表达各种物体的结构,必须先掌握几何元素的投影特性。

一、点的投影

1)点的三面投影形成

如图 3.14 所示,将 A 点分别向 H 面(水平面)、V 面(正面)、W 面(侧面)投射,得到投影 a、a'、a''。a 称为 A 点的水平投影,a'称为 A 点的正面投影,a''称为 A 点的侧面投影。这里规定:空间点用大写拉丁字母如 A、B、C、…表示;水平投影用相应的小写字母如 a、b、c、…表示;正面投影用相应的小写字母在右上角加一撇如 a'、b'、c'、…表示,侧面投影用相应的小写字母在右上角加 $''$ 如 a''、b''、c''、…表示。

为将空间的 3 个投影展开在一个平面上,让 V 面保持不动,H 面绕 OX 轴向下旋转与 V 面重合,W 面绕 OZ 轴向右旋转与 V 面重合,得到如图 3.14(b)所示的投影图。

2)点的投影规律

从如图 3.14(b)所示的投影图可以看出,点的投影有以下规律:

①点的 V 面投影和 H 面投影的连线垂直于 OX 轴,即 $aa' \perp OX$。

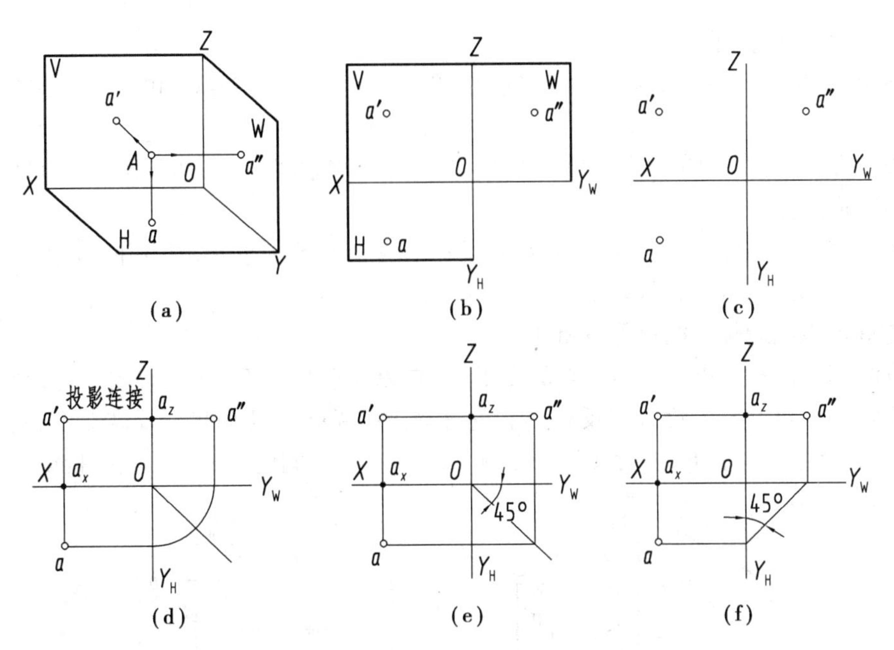

图 3.14　点的投影及其投影规律

②点的 V 面投影和 W 面投影的连线垂直于 OZ 轴，即 $a'a'' \perp OZ$。

③点的 H 面投影至 OX 轴的距离等于其 W 面投影至 OZ 轴的距离，即 $aa_x = a''a_z$。

例 3.1　作点 A(20、10、18)的三面投影。

分析：已知空间点的 3 个坐标，便可作出该点的三个投影，如图 3.15 所示。

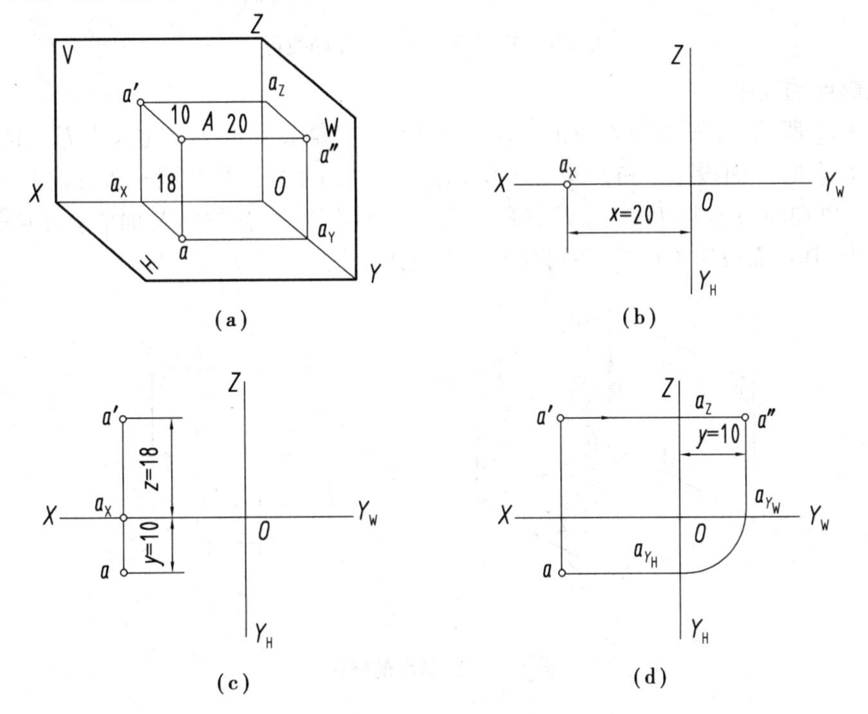

图 3.15　由点的坐标作点的三面投影图

作图:方法步骤如下。

画投影轴。在 OX 轴上,从 O 点向左量取 20 定出 a_x,过 a_x 作 OX 轴的垂线,如图 3.15(b)所示。

在 OZ 轴上,从 O 点向上量取 18 定出 a_z,过 a_z 作 OZ 轴的垂线,两条连线交点即为 a',如图 3.15(c)所示。

在 $a'a_x$ 的延长线上,从 a_x 向下量取 10 得 a,在 $a'a_z$ 的延长线上,从 a_z 向右量取 10 得 a'',如图 3.15(d)所示。a、a'、a''即为 A 点的三面投影。

3)空间两点相对位置的投影分析

两点的相对位置是指空间两个点的上下、左右以及前后关系,在投影图中是以它们的坐标差来确定的。两点的 V 面投影反映上下、左右关系;两点的 H 面投影反映左右、前后关系;两点的 W 面投影反映上下、前后关系。如图 3.16 所示为空间两点相对位置的投影。

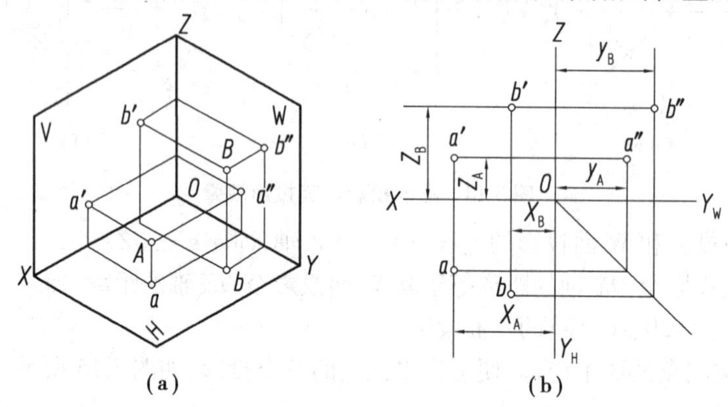

图 3.16　空间两点相对位置的投影

4)重影点的投影

如图 3.17 所示,若 E 点和 F 点的 X,Z 坐标相同,只是 E 点的 Y 坐标大于 F 点的 Y 坐标,则 E 点和 F 点的 V 面投影 e'和f'重合。W 面投影 f''在 e''之后,且在同一条直线上,H 面投影 f 在 e 之后,也在同一条垂直线上。F 点和 E 点的 V 面投影重合,称为 V 面的重影点。因 F 点的 Y 坐标小,其正面投影不可见,不可见的投影点加上括号,即(f')。

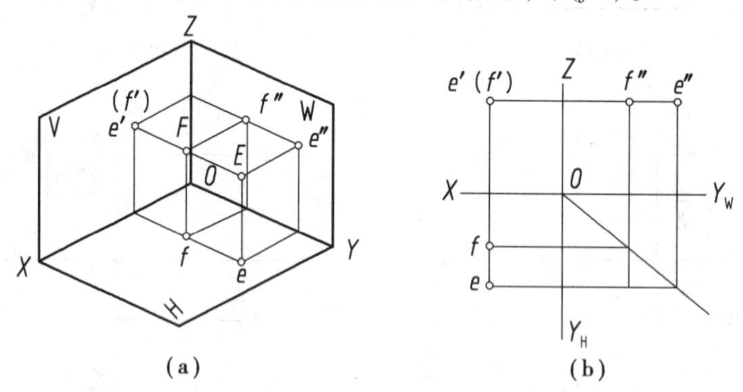

图 3.17　重影点的投影

二、直线的投影

空间两点可以确定一条直线，因此，求直线段的三面投影，先分别求出直线段两个端点的三面投影。然后连接两端点在同一个投影面上的投影（称同面投影），即可得空间直线段的三面投影。

1）直线段对于一个投影面的相对位置（见图 3.18）

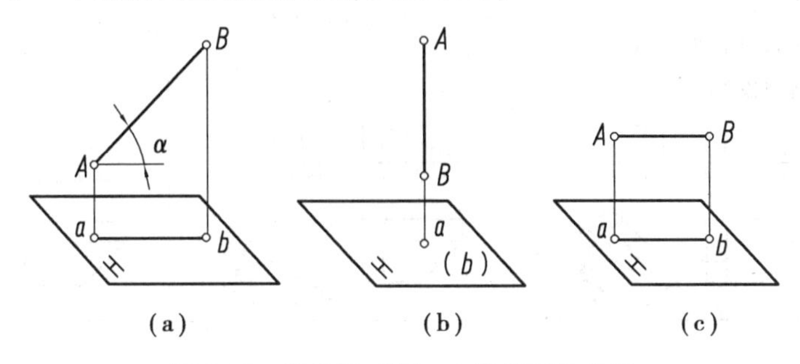

图 3.18　直线段对于一个投影面的投影

2）直线段对三投影面的相对位置及投影特性

空间直线对三投影面的相对位置有 3 种：

（1）一般位置直线

一般位置直线在投影面上的投影（见图 3.19）特性如下：

①在 3 个投影面上的投影均为倾斜直线。

②投影长度均小于实长。

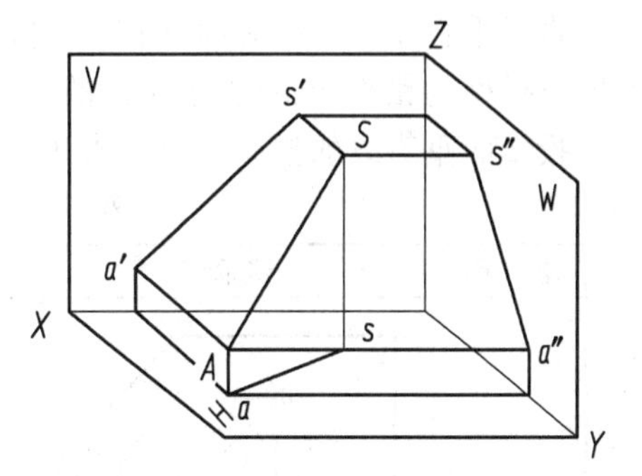

图 3.19　一般位置直线的投影

（2）投影面平行线

直线平行于某一个投影面，而对另外两个投影面倾斜，称为投影面平行线。其中，平行于水平面的直线称为水平线；平行于正面的直线称为正平线；平行于侧面的直线称为侧平线。

投影面平行线的投影特性见表 3.1。

表 3.1　投影面平行线的投影特性

名　称	水平线	正平线	侧平线
立体图	Z V a′ g′ a″ A W X O g″ a H g Y	Z V d′ a′ d″ W X O a″ A a H d Y	Z V h′ H h″ W n′ X O A n″ h H n Y
投影图	Z d′ d″ a′ a″ X O Y_W a d Y_H	a′ g′ Z a″ g″ X O Y_W a g Y_H	h′ Z h″ n′ n″ X O Y_W h n Y_H

续表

名　称	水平线	正平线	侧平线
投影特性	1.水平投影反映实长和真实倾角，即水平投影与 X 轴的夹角为 β，与 Y 轴的夹角为 α； 2.正面投影平行 X 轴； 3.侧面投影平行 Y 轴	1.正面投影反映实长和真实倾角，即与 X 轴夹角为 α，与 Z 轴的夹角为 γ； 2.水平投影平行 X 轴； 3.侧面投影平行 Z 轴	1.侧面投影反映实长和真实倾角，即与 Y 轴夹角为 α，与 Z 轴夹角为 β； 2.正面投影平行 Z 轴； 3.水平投影平行 Y 轴
实例			

(3)投影面垂直线

直线垂直于一个投影面，而对另外两个投影面平行，为投影面垂直线。其中，垂直于水平面的直线称为铅垂线；垂直于正面的直线称为正垂线；垂直于侧面的直线称为侧垂线。

投影面垂直线的投影特性见表3.2。

表3.2　投影面垂直线的投影特性

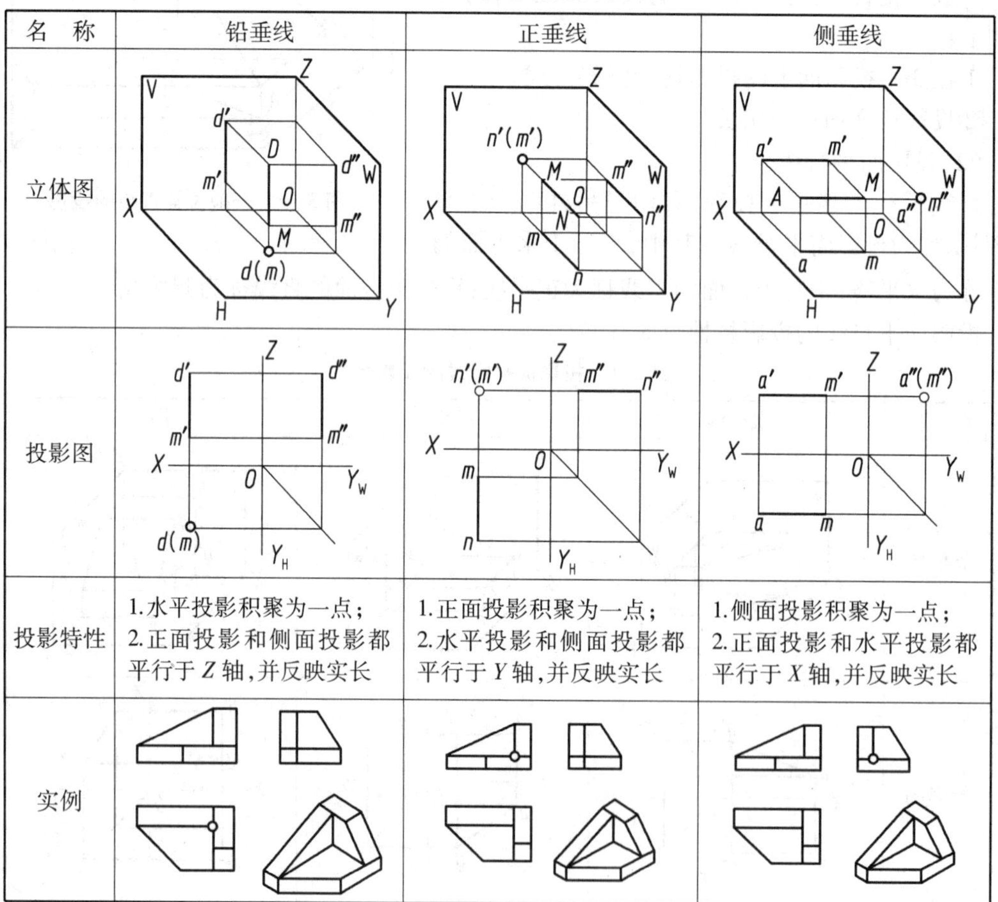

名　称	铅垂线	正垂线	侧垂线
立体图			
投影图			
投影特性	1.水平投影积聚为一点； 2.正面投影和侧面投影都平行于 Z 轴，并反映实长	1.正面投影积聚为一点； 2.水平投影和侧面投影都平行于 Y 轴，并反映实长	1.侧面投影积聚为一点； 2.正面投影和水平投影都平行于 X 轴，并反映实长
实例			

以上分析，直线段对3个投影面的投影特征，归纳如下：

①一点两线，投影面垂直线。哪个投影为点，就是那面投影面的垂直线。

②一斜两直，投影面平行线。哪个投影为斜线，就是那面投影面的平行线。

③三面投影均倾斜，一定是一般位置直线。

三、平面的投影

平面 ABC 在三投影面体系中的投影，如图3.20所示。求空间平面的三面投影，先分别求出空间平面上一系列点的各面投影，然后依次连接各点的同面投影，即为空间平面的三面投影，如图3.20所示。

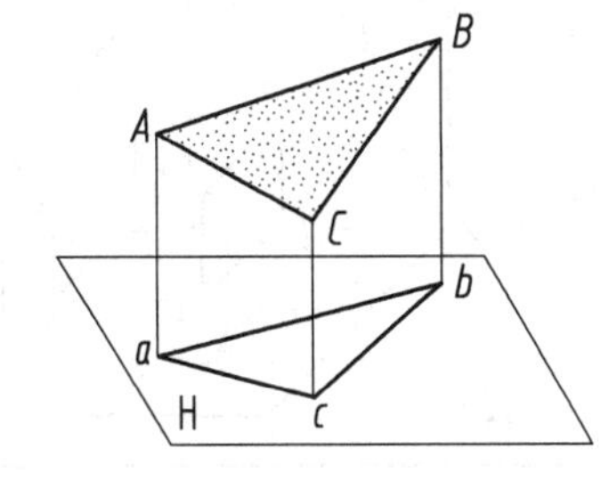

图3.20　平面对于一个投影面的相对位置

1）平面对于一个投影面的相对位置

空间平面相对于一个投影面的位置有：平行、垂直、倾斜3种位置。

2）平面对三投影面的相对位置及投影特性

平面对投影面的位置有以下3种：

①一般位置平面

倾斜于V、H、W面，称为一般位置平面。一般位置平面的投影特性：3个投影均不反映平面的实形。

②投影面平行面

平面平行于一个投影面，而垂直于另外两个投影面。平行于水平面的平面称为水平面；平行于正面的平面称为正平面；平行于侧面的平面称为侧平面。

投影面平行面的投影特性见表3.3。

表3.3　投影面平行面的投影特性

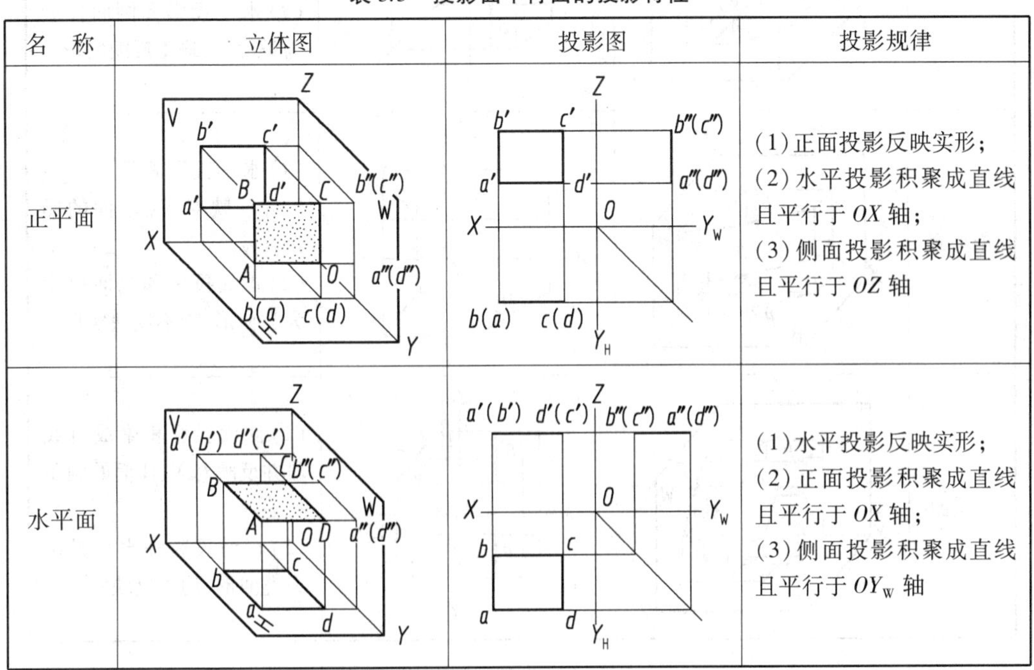

名　称	立体图	投影图	投影规律
正平面			(1)正面投影反映实形； (2)水平投影积聚成直线且平行于 OX 轴； (3)侧面投影积聚成直线且平行于 OZ 轴
水平面			(1)水平投影反映实形； (2)正面投影积聚成直线且平行于 OX 轴； (3)侧面投影积聚成直线且平行于 OY_W 轴

续表

名　称	立体图	投影图	投影规律
侧平面	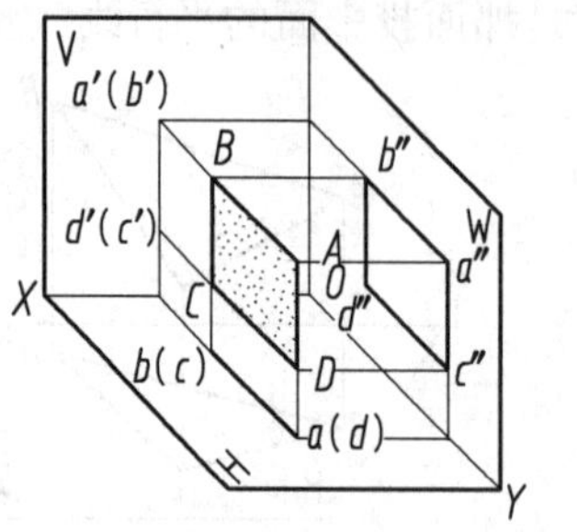	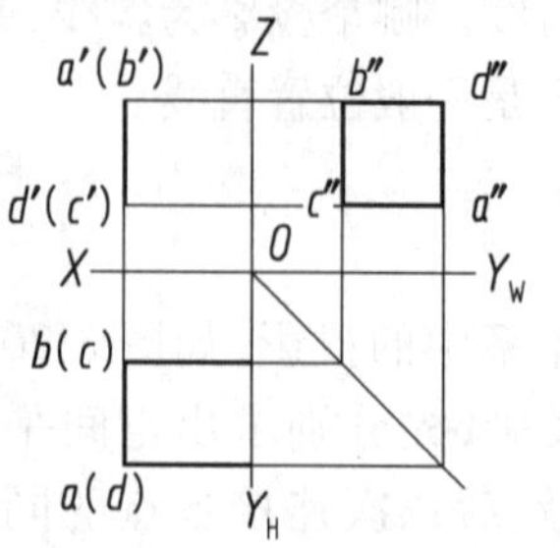	(1)侧面投影反映实形; (2)正面投影积聚成直线且平行于 OZ 轴; (3)水平投影积聚成直线且平行于 OY_H 轴

③投影面垂直面

平面垂直于一个投影面,而倾斜于另外两个投影面。垂直于水平面而倾斜于另两面的平面称为铅垂面;垂直于正面而倾斜于另两面的平面称为正垂面;垂直于侧面而倾斜于另两面的平面称为侧垂面。

投影面垂直面的投影特性见表3.4。

表3.4　投影面垂直面的投影特性

名　称	立体图	投影图	投影规律
正垂面	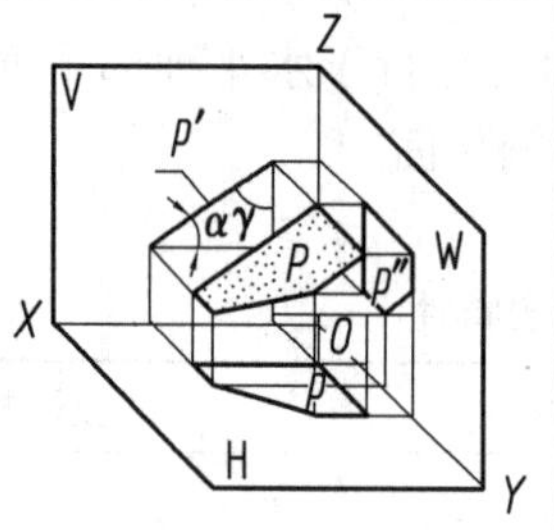	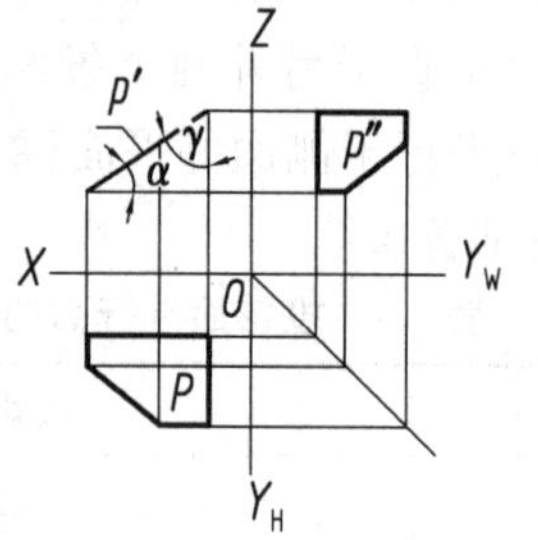	(1)正面投影积聚成直线段并反映对H、W面的倾角 α、γ; (2)水平投影和侧面投影为类似形,均不反映实形
铅垂面	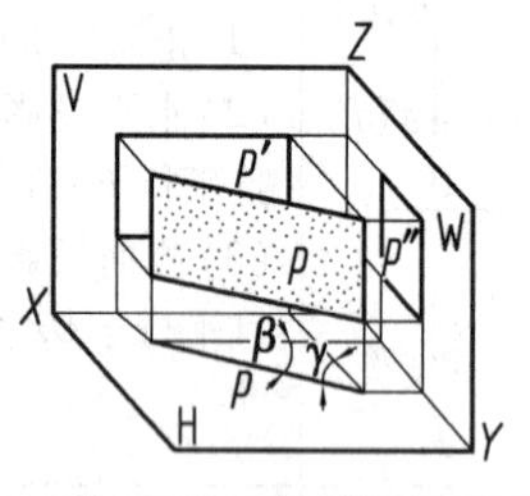	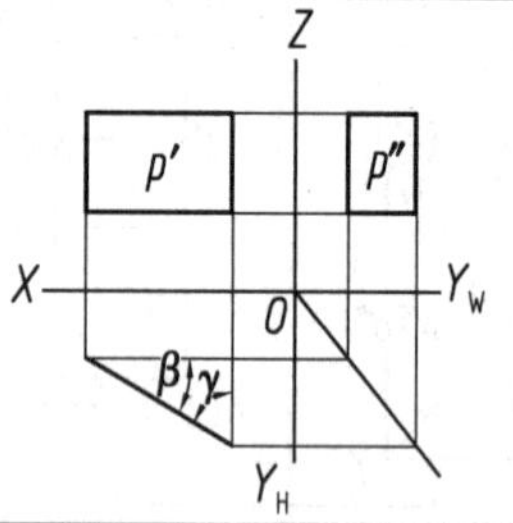	(1)水平投影积聚成直线段并反映对V、W面的倾角 β、γ; (2)正面投影和侧面投影为类似形,均不反映实形
侧垂面	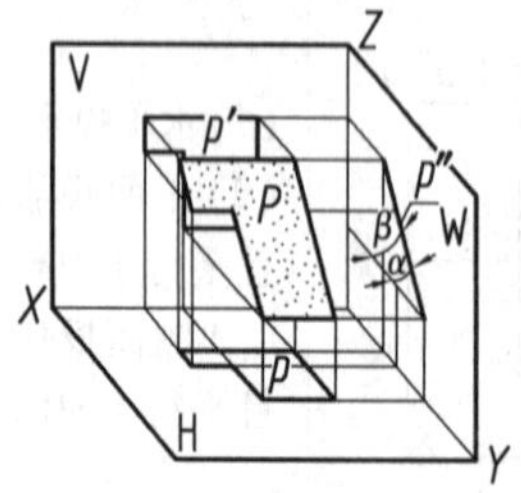	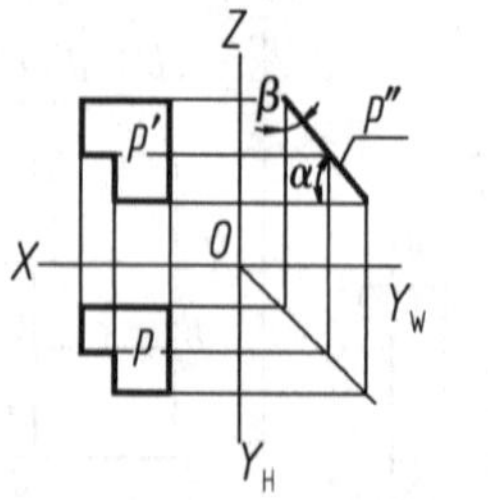	(1)侧面投影积聚成直线段并反映对V、H面的倾角 β、α; (2)正面投影和水平投影为类似形,均不反映实形

3)平面对3个投影面的投影特征,归纳如下:

①一框两线,投影面的平行面。哪个面投影为线框,就是那面投影面的平行面。

②两框一线,投影面的垂直面。哪个面投影为斜线,就是那面投影面的垂直面。

③三面投影均为框,一定是一般位置的平面。

【学习日志】

能回答下述问题吗?		自我评价
1.正投影是如何形成的?正投影主要有哪些基本特性?		
2.三视图之间的投影规律是什么?在三视图中如何判断视图与物体的方位?		
3.什么是重影点?		
4.试述投影面的垂直线、投影面平行线及一般位置直线在三面投影体系中的投影特性。		
5.投影面倾斜面、投影面垂直面、投影面平行面各有哪些特性?		

请参照下图,用卡纸制作三投影体系模型。

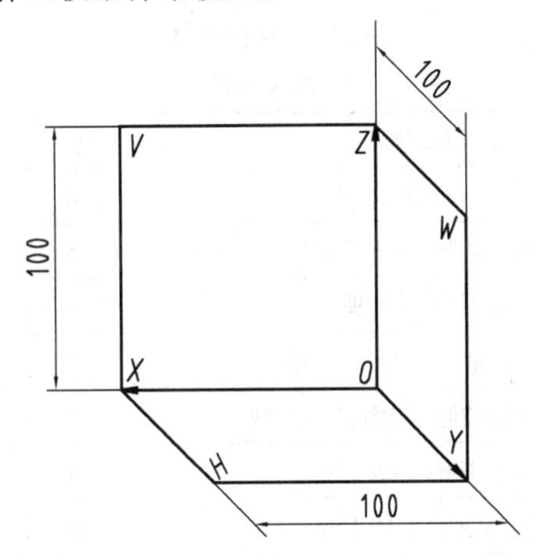

活动三　任务小结

【学习要点】

1.学会与人沟通,善于表达自己的想法,接受他人的意见;

2.能够正确评价自己与他人;

3.相互比较,提出不同意见,取长补短,共同进步。

一、任务要点回顾

图样的内容包括视图、尺寸、技术要求和标题栏 4 大部分，但最主要和最基本的内容是视图和尺寸，这两大内容是属于制图学习的根本任务。

通过任务三的学习，初步具备了对简单形体三视图的画法及识读的基础；掌握正投影的投影规律，即三等度量关系和六向方位关系。学会以形体分析法为主，线面分析法为辅的分析方法。

(1)基本概念

了解投影原理，掌握正投影的投影规律。

(2)基本技能

①运用投影规律及形体分析方法培养空间想象能力，掌握看图的步骤和方法；

②运用投影规律及形体分析方法培养空间表达能力，掌握绘图的步骤和方法；

③运用形体分析法及尺寸基础概念在视图上标全三类尺寸达到“正确”“齐全”“清晰”的要求。

二、作业展示与评价

各学习小组将任务三的所有书面作业整理，根据本小组情况，选送一份最能代表自己小组水平的图样，随图样附带一份完成自评分值的评分标准(见表 3.5)，在教室展示，评出的优秀作业作为样本保存。

表 3.5　评分标准

小组名称：　　　　绘图人姓名：　　　　日期：

评价项目	内容及要求	配分	自评	互评	师评
投影规律练习	自定几何体尺寸	4			
	形状规则，整洁美观	5			
几何体三视图	布图均匀合理	4			
	尺寸正确，三等关系正确	5			
	图线正确、清晰，图面整洁美观	4			
投影体系模型	尺寸 100×100×100	4			
	尺寸正确，形体方正	6			
	准确标注投影面名称	4			
点投影	布图均匀合理	4			
	三等关系正确	6			
	图线正确、清晰，图面整洁美观	4			
线投影	布图均匀合理	4			
	三等关系正确	6			
	图线正确、清晰，图面整洁美观	4			

续表

<table>
<tr><th>评价项目</th><th>内容及要求</th><th>配分</th><th>自评</th><th>互评</th><th>师评</th></tr>
<tr><td rowspan="3">面投影</td><td>布图均匀合理</td><td>4</td><td></td><td></td><td></td></tr>
<tr><td>三等关系正确</td><td>6</td><td></td><td></td><td></td></tr>
<tr><td>图线正确、清晰，图面整洁美观</td><td>4</td><td></td><td></td><td></td></tr>
<tr><td>工具仪器使用</td><td>作图过程中工具、仪器能合理摆放，能规范使用绘图工具和仪器，无损坏</td><td>10</td><td></td><td></td><td></td></tr>
<tr><td>态度</td><td>能专注作图，能及时反馈问题，能和他人交流、沟通、合作，能接受批评建议</td><td>12</td><td></td><td></td><td></td></tr>
<tr><td colspan="2">总　分</td><td>100</td><td>×30%</td><td>×30%</td><td>×40%</td></tr>
<tr><td colspan="3">分值汇总</td><td colspan="3"></td></tr>
<tr><td>点评记录</td><td colspan="5"></td></tr>
</table>

各学习小组对展出的其他各组作业给予评分，对分值偏差比较大的项目，评分人作出解释。每组派代表陈述自己作业的优点，根据陈述情况酌情加分。

任务 4

棱柱模型制作和投影作图

【目的要求】

1.认识棱柱体,制作棱柱的立体模型,借助模型理解其投影特性,强化空间想象力;
2.能绘制棱柱的三视图并且标注尺寸;
3.掌握正等轴测绘图原理,并能徒手绘制棱柱的轴测图;
4.能参与讨论交流,学会观察。

活动一 制作模型,理解棱柱投影特点

【学习要点】

1.认识棱柱的特征,动手制作四棱柱模型;
2.学会观察立体在投影体系中的位置与投影关系;
3.学会判断四棱柱表面点、线的位置特征。

棱柱是一种典型的平面立体,其特点围成立体的各表面均为平面,而且棱线互相平行。棱柱的命名方式是有几条棱线就称为几棱柱,生活中常用到的棱柱有三棱柱、四棱柱和六棱柱。如图 4.1 所示。

(a)三棱柱 (b)四方螺母 (c)六角螺母

图 4.1 常见棱柱体

下面将以四棱柱为例制作纸质模型，以理解棱柱的结构和投影特性。

一、制作四棱柱模型

如图 4.2 所示为一给定尺寸的四棱柱，它由顶面、底面和四个棱面围成，四棱柱又称为六面体。四条棱线相互平行，按照图 4.2 给定的尺寸制作四棱柱的纸模。四棱柱的 6 个表面展开后是什么样的形状？

想象用刀将四棱柱的某些棱线裁切开，四棱柱展开形状。准备一张白纸，按照图 4.2 给定的尺寸，在白纸上画出四棱柱展开图，不同的裁切方式得到的展开图也不相同。图 4.3 为一种裁切方式得到的展开图。

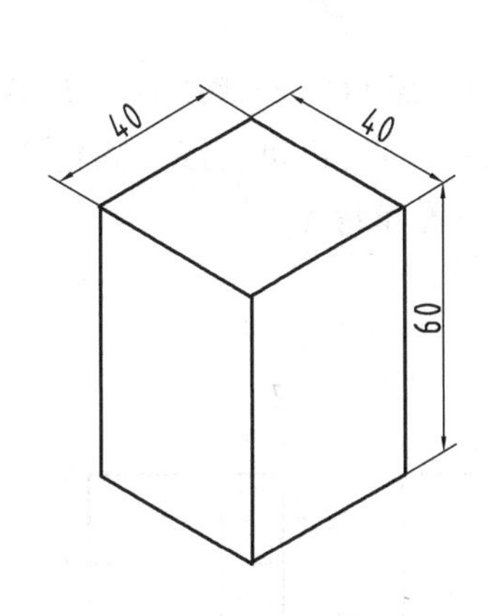

图 4.2　四棱柱

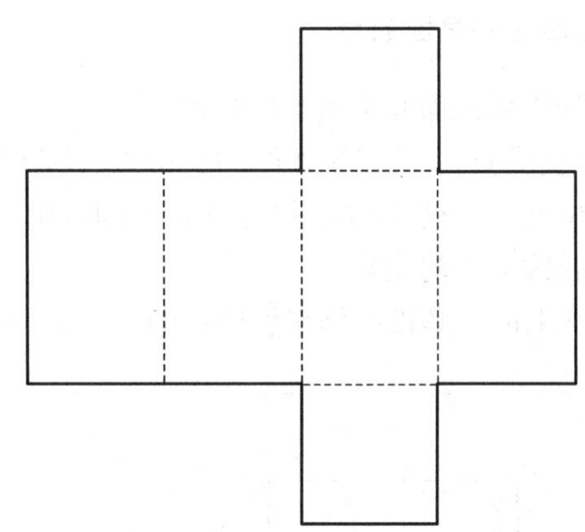

图 4.3　四棱柱表面展开图

为了便于黏合，可在展开图边缘留一些黏合边。将画好的展开图沿边界线裁下，沿虚线折出棱线，黏合成四棱柱。

二、四棱柱的三面投影

将四棱柱放到三投影体系模型中，观察其投影特性，并在模型中描出四棱柱的三面投影，如图 4.4 所示。用笔画出三面投影之间的联系线。将投影模型展开得到四棱柱的三视图。其水平投影是 40×40 的正方形，反映了上下两面的形状特征，主视图和左视图都为 40×60 的长方形，分别反映了两个棱面的形状特征。

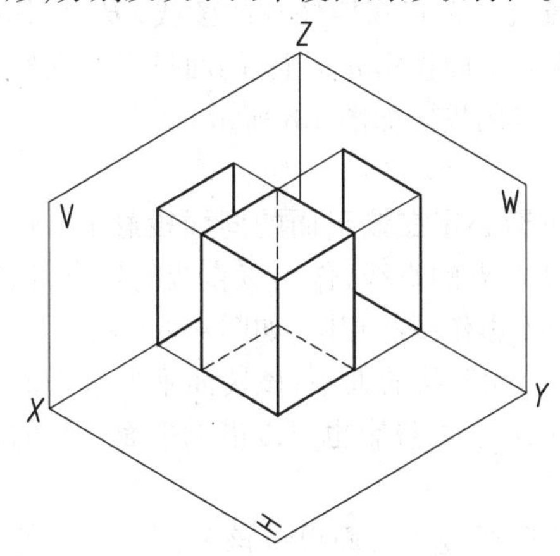

图 4.4　四棱柱的投影原理

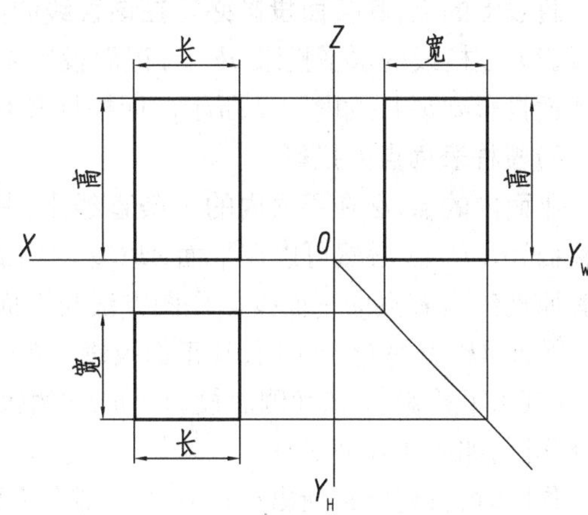

图 4.5　四棱柱的三视图

在平面上绘制四棱柱的三面投影，如图 4.5 所示。三视图对应关系如下：

主、俯视图长相等（简称长对正）；

主、左视图高相等（简称高平齐）；

俯、左视图宽相等且前后对应（宽相等），如图 4.5 所示。

三视图之间方位对应关系，如图 4.6 所示。

主视图反映物体的上、下、左、右；

俯视图反映物体的前、后、左、右；

左视图反映物体的上、下、前、后。

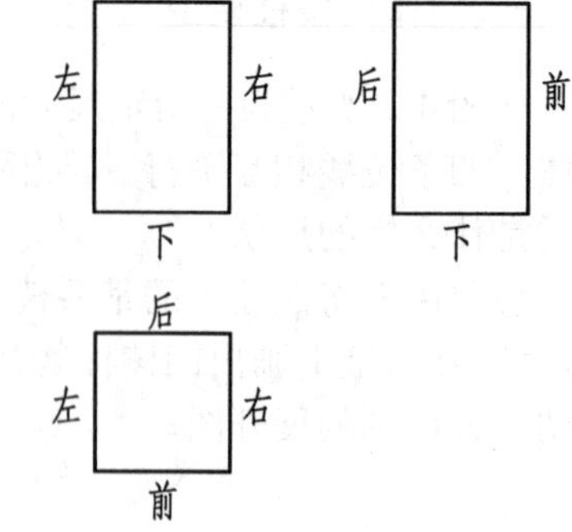

图 4.6　三视图方位对应关系

三、四棱柱表面的点

1）四棱柱表面 8 个顶点的投影

四棱柱的 8 个顶点是作图的关键点，绘制四棱柱三视图的过程，也可看成是确定 8 个顶点投影位置的过程，作出关键点的投影即可确定立体的投影位置和轮廓。

2）棱线上点的投影

棱线上的点其投影仍在该棱线的投影上，如图 4.7 所示。

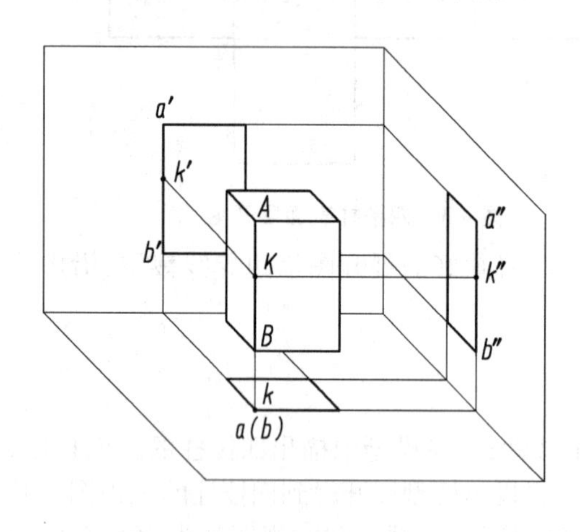

图 4.7　四棱柱棱线上的点

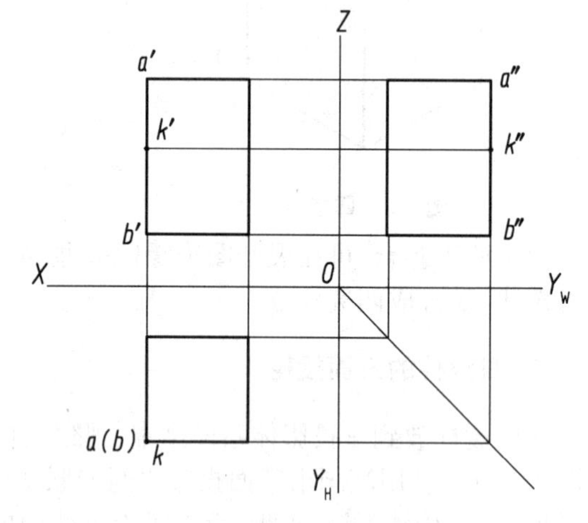

图 4.8　四棱柱棱线上点的投影

直线上的点，其各面投影必定在该直线的同面投影上。K 点在四棱柱的棱线 AB 上，其水平投影 k 在棱线的水平投影 ab 上，正面投影 k' 在棱线的正面投影 $a'b'$ 上，侧面投影 k'' 在棱线的侧面投影 $a''b''$ 上，如图 4.7 所示。四棱柱及其表面上点的投影如图 4.8 所示。

3）棱柱表面点的投影

平面内的点，必在平面内的一条直线上，其各面投影必定在该平面的同面投影上。K 点在棱面 $ABCD$ 上，必然可以在平面 $ABCD$ 内构造一条过 K 点的直线，作出该直线的投影，通过投影原理作出 K 点的三面投影作图方法与平面上点的投影作图法相同，如图 4.9 所示。

棱面 $ABCD$ 平行于正面，其正面投影 $a'b'c'd'$ 反映实际形状的大小；该棱面垂直水平面和侧面，其水平投影 $abcd$ 和侧面投影 $a''b''c''d''$ 积聚成直线，K 点的投影也可以借助平面投影的积聚性作图，如图 4.10 所示。

作图时，首先要判断出点在立体的哪个表面上，然后通过该表面以及该表面上过点的直线的投影，作出该点的投影。

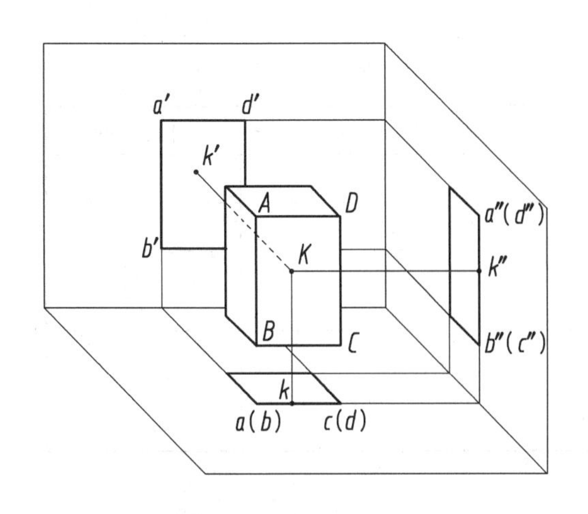

图 4.9　四棱柱棱面上的点

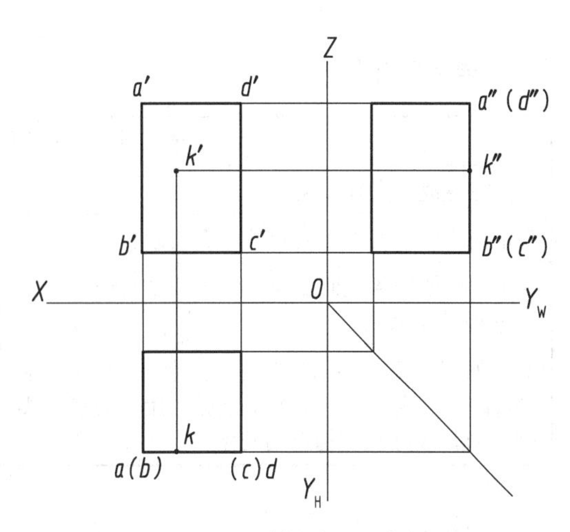

图 4.10　四棱柱棱面上点投影

四、四棱柱上线的投影

1) 棱线的投影

四棱柱表面关键的线条有 12 条,这些线条可看成是构成四棱柱的线框,摆放的四棱柱 12 条棱线分别垂直于 3 个投影面。如图 4.11 所示,*AB*、*CD*、*EF*、*GH* 4 条棱线为正垂线,垂直于 *V* 面而平行于 *H* 面和 *W* 面,其 *V* 面投影 *a′b′*、*c′d′*、*e′f′*、*g′h′*积聚成点,而 *H*、*W* 面投影反映实长;同理,*AG*、*BH*、*CE*、*DF* 4 条棱线为铅垂线,垂直于 *H* 面而平行于 *V* 面和 *W* 面,其 *H* 面投影积聚成点,而 *V* 面投影和 *W* 面投影反映实长;*AC*、*BD*、*GE*、*HF* 4 条棱线为侧垂线,垂直于 *W* 面而平行于 *V* 面和 *H* 面,其 *W* 面投影积聚成点,而 *V* 面和 *H* 面投影反映实长。

2) 四棱柱表面对角线的投影

若在四棱柱某一表面构造一条对角线,如图 4.12 所示的摆放方式,棱面 *ACEG* 点的对角线 *AE* 为正平线,与 *V* 面平行,与 *H* 面和 *W* 面倾斜,其 *V* 面投影 *a′e′*反映实长,而 *H* 面投影 *ae* 和 *W* 面投影 *a″e″*均不反映实长。同理,如图 4.12 所示摆放方式,在棱柱的任意表面构造的对角线,必然平行某一投影面而倾斜于另外两个投影面。在 6 个表面分别可以构造出正平线、水平线和侧平线,其投影特点见直线的投影。

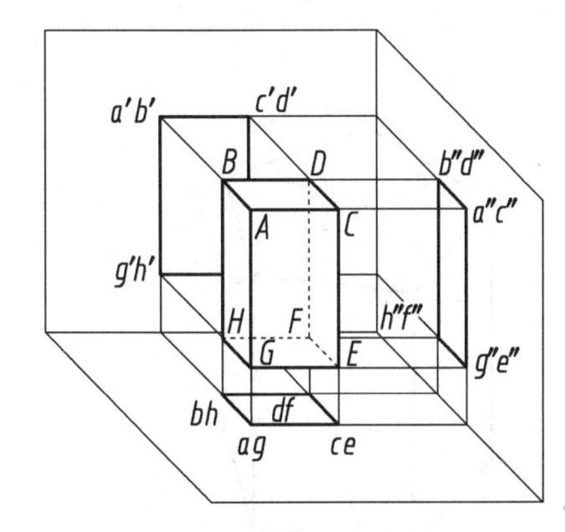

图 4.11　四棱柱棱线投影

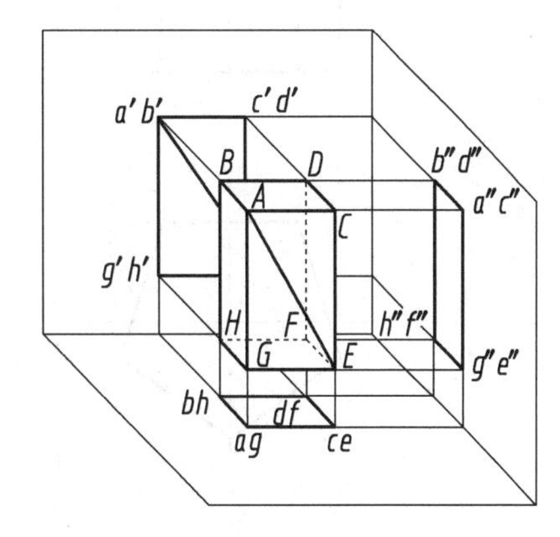

图 4.12　四棱柱棱面对角线的投影

【学习日志】

能回答下述问题吗？		自我评价
1.棱柱各棱线是什么关系？		
2.正四棱柱上各平面之间是什么关系？		
3.正三棱柱的各棱面之间是什么关系？棱面与上下底面是什么关系？		
4.在如图 4.12 所示的四棱柱上构造体对角线 *DG*,该对角线与 3 个投影面分别是什么关系？类似的对角线你还能构造出几条？		

作图练习：

1.根据给定三棱柱的立体图,绘制该三棱柱的三视图。

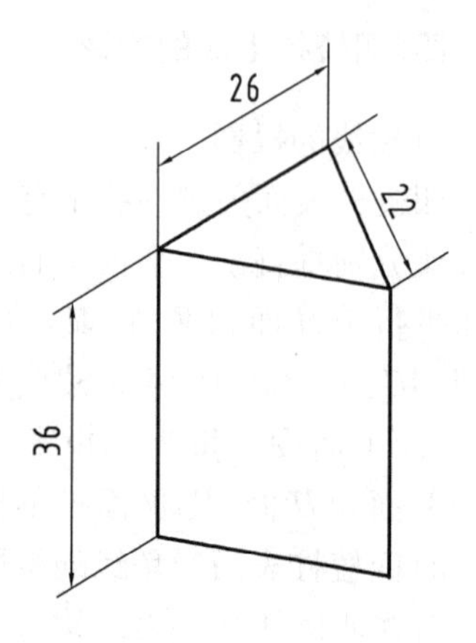

2.根据给定五棱柱的立体图,补画该五棱柱的左视图。

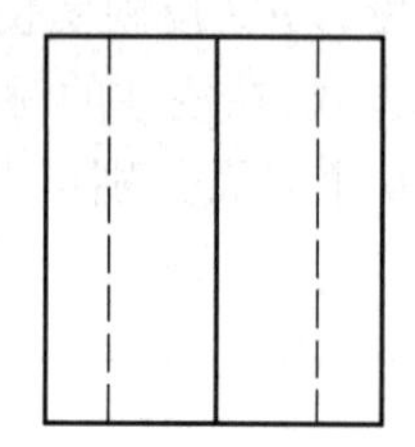

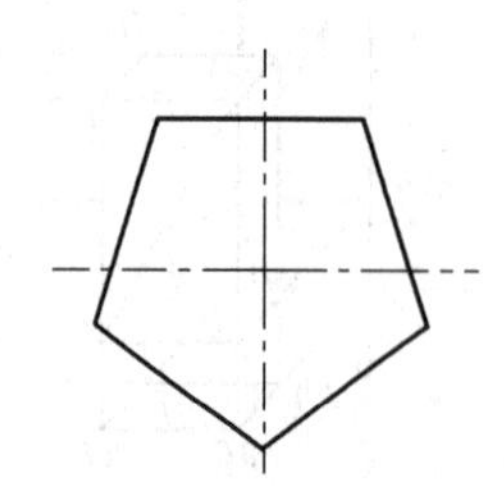

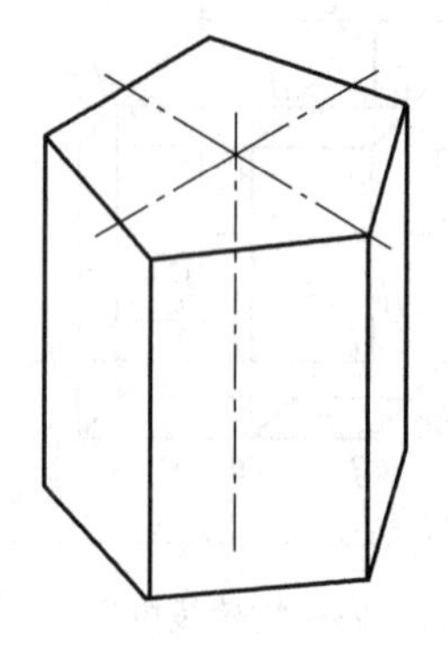

活动二　绘制四棱柱正等轴测图

【学习要点】

1. 了解正等轴测图投影原理；
2. 掌握平面立体正等轴测图画法。

一、什么是轴测图

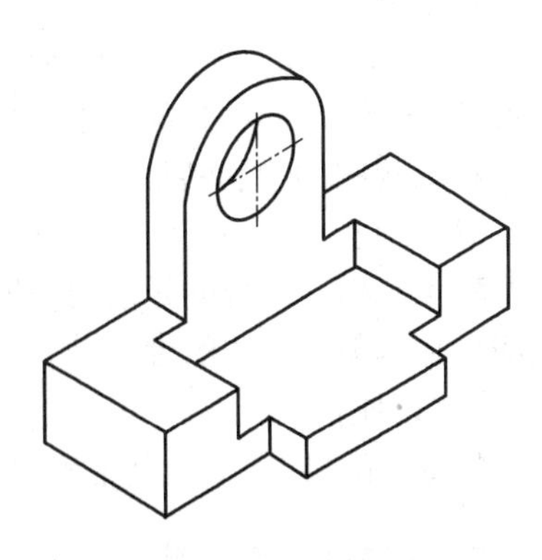

图 4.13　轴测图

轴测图是用平行投影的原理绘制的一种图形，如图 4.13所示，这种图接近于人的视觉习惯，富有立体感。轴测图在生产中作为辅助图样，用于需要表达机件直观形象。随着计算机技术的普及，越来越多的零件设计采用 3D 模型的形式呈现零件效果，并根据 3D 模型利用计算机直接编程联机加工。这种 3D 模型一般也是按照轴测投影原理呈现立体效果。

1）轴测投影原理介绍

如图 4.14（a）所示，物体在 V 面和 H 面上的投影只能反映正面和顶面的形状；而重新构建一个平面 P，使之与物体上任意坐标平面都不平行，将物体连同直角坐标系采用平行投影法一同投影到 P 面上，得到的投影图就是轴测图，如图 4.14（b）所示，其中 P 称为轴测投影面，S 表示投射方向。

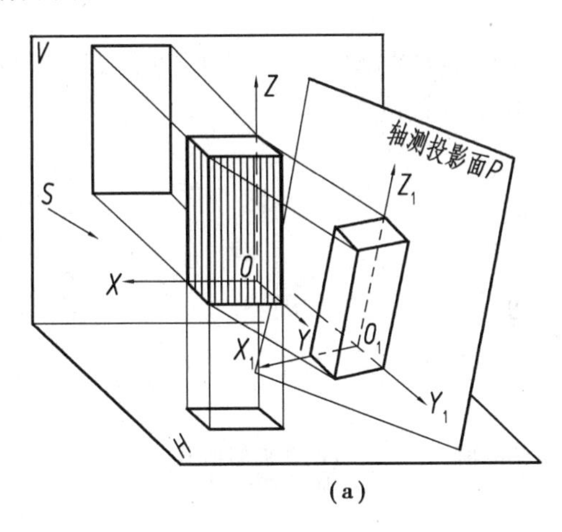

(a)

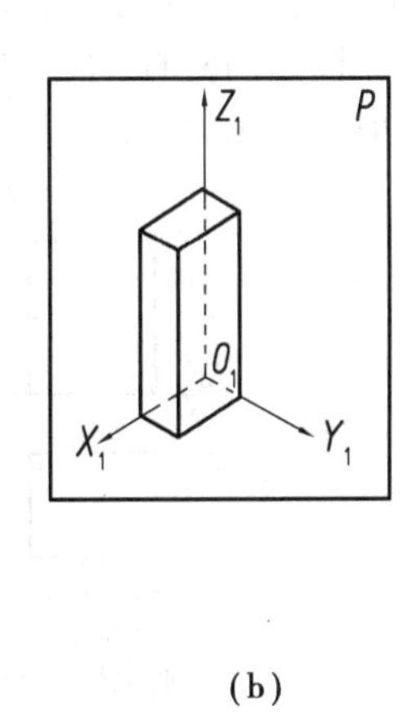

(b)

图 4.14　轴测投影的形成

2）轴测投影的基本概念

（1）轴测轴

空间直角坐标系中的 3 个坐标轴 OX、OY、OZ 在轴测投影面上的投影 O_1X_1、O_1Y_1、O_1Z_1 称为轴测轴。

（2）轴间角

轴测投影中任意两轴测轴之间的夹角称为轴间角。

(3)轴向伸缩系数

按照轴测投影原理,物体的轴测投影各个方向上的长度会有不同程度的收缩,度量时以轴测轴上的收缩为依据。轴测轴上单位长度与直角坐标轴上的单位长度的比值称为轴向伸缩系数。三轴上的轴向伸缩系数分别用 p_1、q_1、r_1 表示,简化表示为 p、q、r。

3)轴测投影的种类

轴测投影分正轴测投影和斜轴测投影两大类,用正投影法得到的轴测图称为正轴测图,用斜投影法得到的轴测图称为斜轴测图。常用的有正等轴测图和斜二等轴测图(斜二轴测图)。

4)轴测图的投影特性

(1)平行性

物体上相互平行的线段,其轴测图上也相互平行;物体上与直角坐标轴平行的线段,其轴测图也必然平行相应的轴测轴。

(2)定比性

物体上的轴向线段,其轴测投影与相应的轴测轴有着相同的轴向伸缩系数。

二、四棱柱正等轴测图画法

1)正等轴测图的形成

正等轴测投影中,投射线与直角坐标系中的三轴夹角相同,且垂直于轴测投影面。

正等轴测图的轴间角和轴向伸缩系数 $\angle X_1O_1Y_1 = \angle X_1O_1Z_1 = \angle Y_1O_1Z_1 = 120°$;轴向伸缩系数 $p_1 = q_1 = r_1 = 0.82$;为了作图方便,把轴向伸缩系数简化为 $p = q = r = 1$。

2)四棱柱的正等轴测图画法

画轴测图常用的方法是坐标法,也可根据物体实际形状特点灵活采用不同作图步骤。下面以四棱柱为例学习画正等轴测图。

例 4.1 根据四棱柱的主、俯视图,作出其正等轴测图。如图 4.15 所示,已知四棱柱长 25 mm,宽 20 mm,高 30 mm,按照坐标法绘制其正等轴测图。

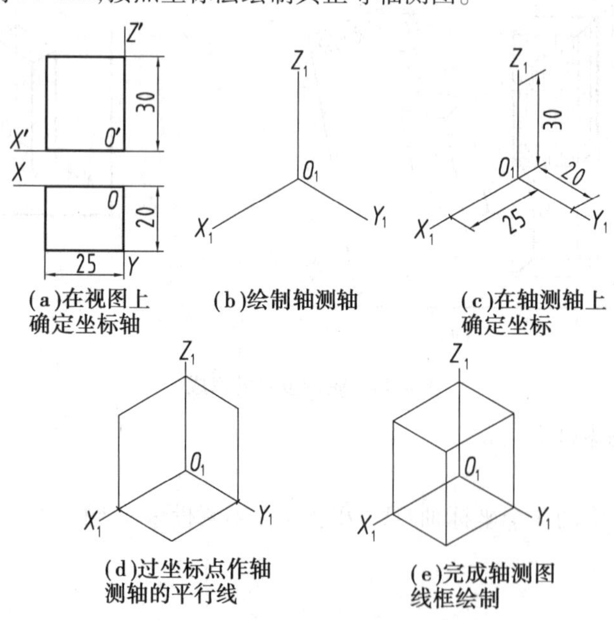

图 4.15 坐标法绘制四棱柱正等轴测图

作图步骤如下：

①确定直角坐标系。在视图上直角坐标系投影，确定坐标原点在四棱柱的右后下角点，如图4.15(a)所示。

②作轴测轴。根据正等轴测轴间角为120°绘制轴测轴，一般将 Z_1 轴竖直摆放，如图4.15(b)所示。

③确定坐标值。根据四棱柱的长、宽、高，对应在 O_1X_1、O_1Y_1、O_1Z_1 这3个轴测轴上确定坐标点，如图4.15(c)所示。

④过坐标点作轴测轴平行线，完成轴测图线框绘制，如图4.15(d)、(e)所示。

完成轴测图稿后擦除作图辅助线，描深，如图4.16所示。

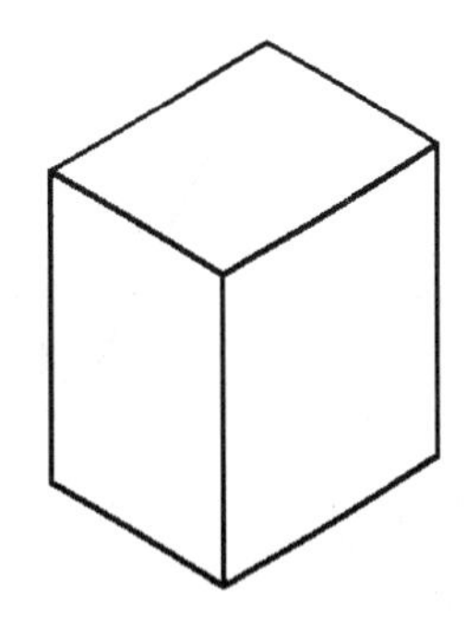

图4.16　四棱柱正等轴测图

坐标法是绘制轴测图的基本方法，在实际作图时，还要根据物体的形状特点灵活采用不同的作图步骤。轴测图中一般不画出不可见部分，也就是轴测图上一般不会出现虚线，因此，为了减少不必要的图线，画物体的轴测图时，可从上往下或从前往后画。

四棱柱是最基本的结构，很多立体都可在四棱柱的基础上加以切割或者叠加，形成其轴测图，因此，要牢固掌握四棱柱轴测图的各种画法。

【学习日志】

能回答下述问题吗？		自我评价
1.正等轴测图的轴间角是多少度？为了作图方便，轴向伸缩系数一般取多少？		
2.轴测投影有哪两个特性？		

作图练习：

1.根据四棱柱的主、俯视图，建立直角坐标系，试采用自上而下的方式绘制四棱柱的正等轴测图。

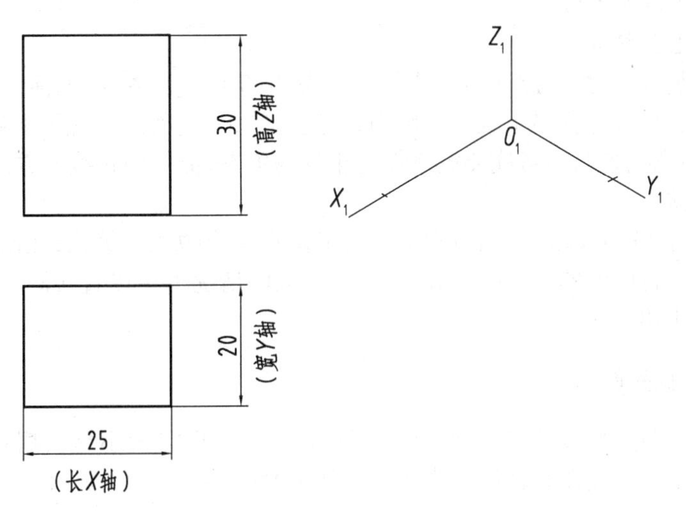

2.根据给定三棱柱的主、俯视图,绘制其正等轴测图。

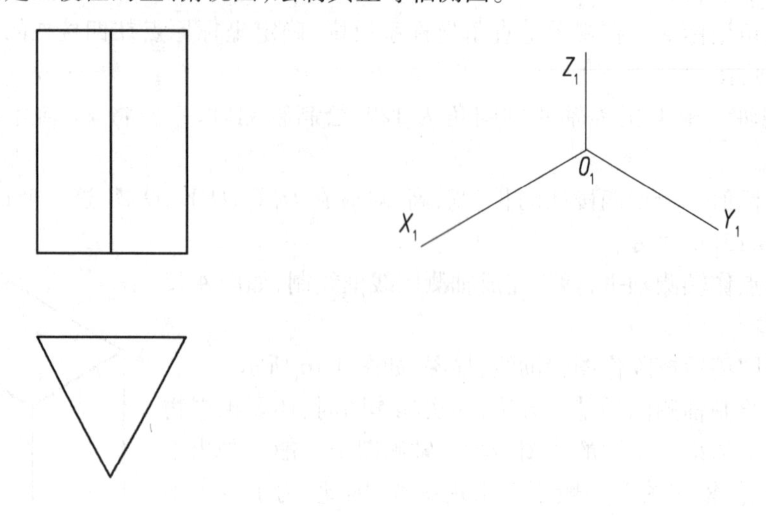

活动三　徒手绘制棱柱轴测图

【学习要点】

1.掌握徒手绘图技巧,训练徒手绘图技能;

2.学会徒手绘制棱柱轴测图,训练目测能力,锻炼空间想象力。

徒手绘图是以目测比例为依据,徒手绘制的草图或效果图,徒手绘图一般用于测绘草图或者表达设计思想。工程技术人员必须掌握一定的徒手绘图技能。徒手绘图一般用 HB 或 B 铅笔,但根据工作场地条件,如果没有铅笔,钢笔、圆珠笔等也可作为徒手绘图工具。

一、图线的徒手画法

徒手画线时注意手臂、手腕、手指都要放松,自然握笔,笔要倾斜,并且要时刻关注图纸上的参考边或图样上的基准线。

1)水平线和竖直线

画水平线和竖直线时,注意线与线或线与参考边的平行关系,可先标出直线的起点和终点,眼睛注视终点,画线过程中手腕靠着纸面,匀速运笔,一气呵成。为了运笔方便,也可调整图纸角度,但要注意线条与参考线要始终保持正确的关系,徒手画直线的方法如图 4.17 所示。

2)角度线画法

常用角度线有 30°、45°、60°等,可根据三角形两直角边的比例关系,在两直角边上定出两端点后徒手连线。若作图熟练,目测角度误差不太大的情况下可以直接画角度线。徒手画角度线的方法如图 4.18 所示。

二、平面图形徒手画法

徒手绘制平面图形的步骤与尺规作图步骤相同,只是形状大小是根据目测估计画出的,下面以徒手绘制矩形平面图和轴测图为例练习徒手绘图,如图 4.19 所示。

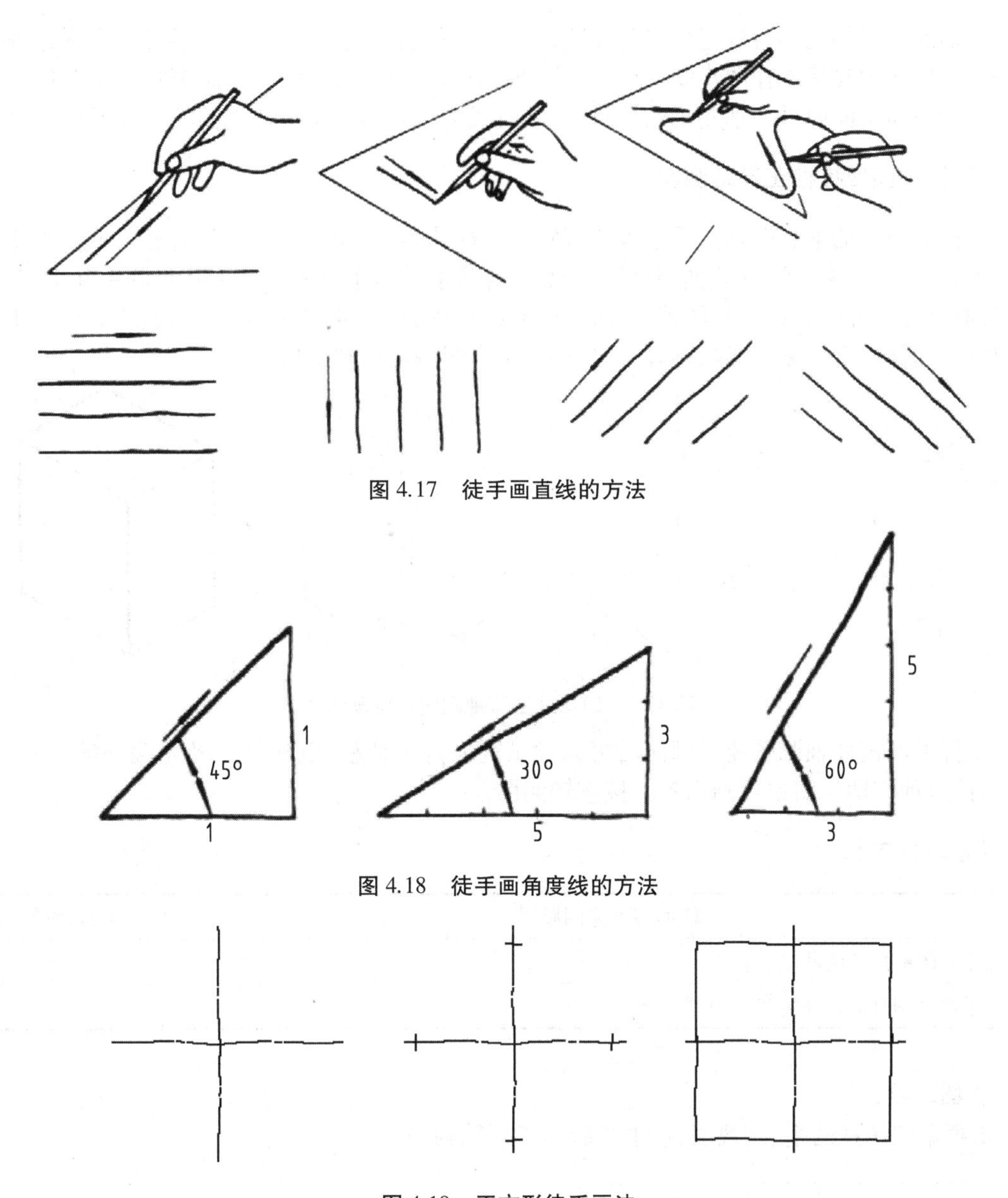

图 4.17　徒手画直线的方法

图 4.18　徒手画角度线的方法

图 4.19　正方形徒手画法

徒手绘制矩形,先作正交的点画线,根据目测大小在点画线上确定 4 点,然后,过 4 点徒手绘制矩形的边,如图 4.20 所示。

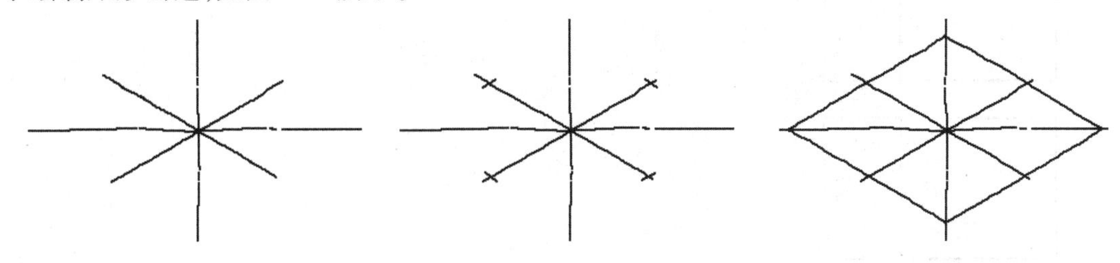

图 4.20　正方形正等轴测图徒手画法

矩形的正等轴测图会变形成平行四边形(正方形的正等轴测图变形为菱形),徒手绘制矩形的正等轴测图与尺规作图步骤一致,先绘制轴测轴,根据目测大小在轴测轴上确定 4 点,然后过 4 点作同平面内另一轴测轴的平行线,平行线的交点即为矩形轴测图的 4 个顶点。

三、徒手画四棱柱正等轴测图

掌握了矩形的轴测图画法后很容易理解四棱柱的画法,画图前可将四棱柱看成是上下两个矩形,分别画出两个矩形的轴测投影,用竖直线将上下两个轴测投影的角点联系起来,就形成了四棱柱的轴测图,擦去作图辅助线,将轮廓线描深,如图 4.21 所示,作图熟练后可从上往下、从前往后画,看不见的线条不画,以免擦不干净影响图面整洁度。

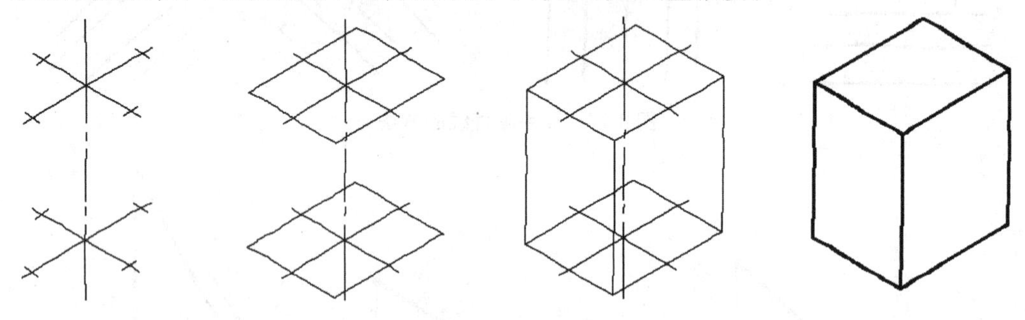

图 4.21　四棱柱正等轴测图徒手画法

掌握了四棱柱轴测图徒手画法后可以尝试徒手画三棱柱、五棱柱以及六棱柱等,举一反三,按照这种作图思路也可画出各种棱锥轴测图。

【学习日志】

能回答下述问题吗?		自我评价
1.徒手画图适用于哪些场合?		
2.徒手绘制图样时需注意哪些问题?		

作图练习:

1.根据四棱柱的主、俯视图,徒手绘制其正等轴测图。

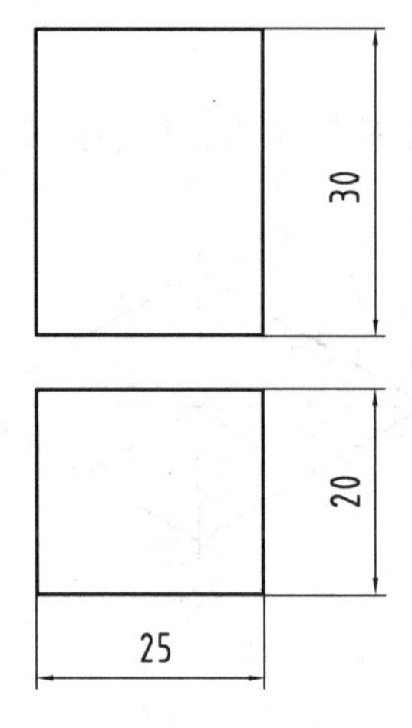

2. 根据三棱锥的主、俯视图，目测大小徒手绘制其正等轴测图。

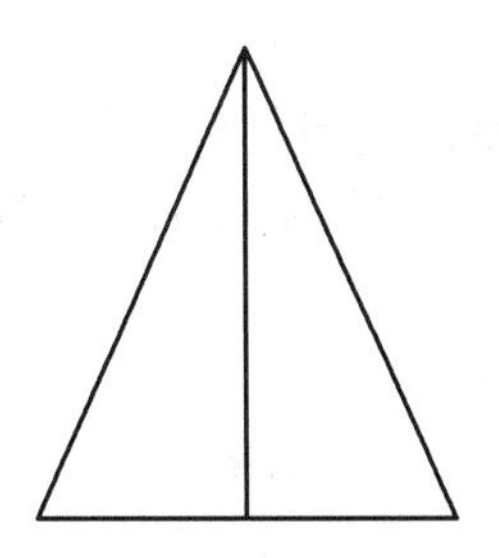

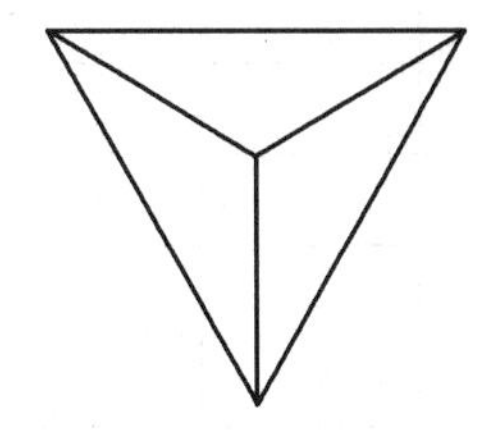

活动四　任务小结

【学习要点】

1. 交流沟通，敢于表达，能够接受批评意见；
2. 能正确评价自己，能客观评价他人；
3. 通过对比找出自己的优势与不足，思考改进办法。

一、任务要点回顾

四棱柱是物体的基本机构，常见的平面立体基本上都可通过四棱柱的切割、组合、变形等形成，因此，对四棱柱的空间结构的理解和投影作图是学习基本题和各种组合体的基础。

任务四的学习要点：

①通过制作模型，加深对四棱柱空间结构的理解。

②巩固三视图投影原理，理解视图位置关系，并且能够判断棱柱表面点、线的位置特征，能够借助棱柱投影，作出表面点、线的投影。

③掌握平面基本体正等轴测图的画法，正等轴测图轴间角均为 120°，轴向伸缩系数均为 0.82，为了作图方便，轴向伸缩系数取 1；作图时注意轴测图的两个特性：平行性和等比性。

④认识徒手绘图技能的重要性，掌握徒手绘图技巧，训练徒手绘图能力。徒手绘图一般用于测绘草图或表达设计思想。由于技术革新周期越来越频繁，这就要求工程技术人员能随时用图样的形式表达技术问题，因此，徒手绘图能力越来越重要。

徒手画线时注意手臂、手腕、手指都要放松，自然握笔，笔要倾斜，并且要时刻关注图纸上的参考边，或者图样上的基准线。徒手绘制的图样不仅要准确，还要求美观，只有多练习才能达到理想的效果。

二、作业展示与评价

各学习小组将任务四的所有书面作业进行整理，根据本组情况，选送一份最能代表自己小组水平的图样，随图样附带一份完成自评分值的评分标准(见表4.1)，在教室展示，其中的优秀作业作为样本保存。

表4.1 评分标准

小组名称： 绘图人姓名： 日期：

评价项目	内容及要求	配分	自评	互评	师评
四棱柱模型	尺寸40×40×60	3			
	形体方正，整洁美观	3			
四棱柱三视图	布图均匀合理	3			
	尺寸正确，三等关系正确	3			
	图线正确、清晰，图面整洁美观	4			
三棱柱三视图	布图均匀合理	3			
	尺寸正确，三等关系正确	3			
	图线正确、清晰，图面整洁美观	4			
补画五棱柱左视图	布图均匀合理	3			
	三等关系正确	3			
	图线正确、清晰，图面整洁美观	4			
四棱柱正等轴测图	轴间角正确，尺寸正确	3			
	图线保持正确的平行关系	3			
	图线清晰，图面整洁美观	3			
	自上而下(自前向后)绘制的轴测图没有涂改痕迹	3			
正三棱柱正等轴测图	轴间角正确，尺寸正确	3			
	图线保持正确的平行关系	3			
	图线清晰，图面整洁美观	3			
徒手绘图	平面图形图线清晰，图面整洁美观，作图过程规范	5			
	四棱柱轴测图轴间角正确，图线平行关系正确，图面整洁美观	10			
	三棱锥轴测图图线角度正确，图线平行关系正确，图面整洁美观	10			
工具仪器使用	作图过程中，工具、仪器能合理摆放，能规范使用绘图工具和仪器，无损坏	8			
态度	能专注作图，能及时反馈问题，能与他人交流、沟通、合作，能接受批评建议	10			
总　分		100	×30%	×30%	×40%
分值汇总					

续表

评价项目	内容及要求	配分	自评	互评	师评
点评记录					

各学习小组对展出的其他各组作业给予评分，对分值偏差比较大的项目，评分人作出解释。每组派代表找自己作业的优点，争取加分。

三、反思

课后反思		自我评价
1.完成本学习任务我们花费了多少学时，在哪些方面还可以提高效率？		
2.还有哪些方面的知识需要回顾温习？还有哪些方面的技能需要多加练习？		
3.完成本学习任务的过程中，其表现能否令自己满意，该如何改进？		

任务 5

圆柱体模型制作和投影作图

【目的要求】

1.认识圆柱体,制作圆柱的立体模型,借助模型理解其投影特性,强化空间想象力;
2.能绘制圆柱的三视图并且标注尺寸;
3.能徒手绘制圆柱的轴测图;
4.能参与小组活动,讨论交流,学会观察与总结。

活动一　制作圆柱模型

【学习要点】

1.认识圆柱的特征,动手制作圆柱模型;
2.学会比较观察立体在投影体系中的位置与投影关系。
圆柱是一种典型的回转体,是由圆柱面、顶面、底面所围成的立体。
生活、生产实际应用中的圆柱体有很多,如图 5.1 所示。

(a)圆柱销　　(b)阶梯轴

图 5.1　实际应用中的圆柱体

下面将从制作纸质模型入手,理解圆柱的结构和投影特性。

一、制作圆柱模型

如图 5.1 所示为一给定尺寸的圆柱，主要由圆柱面、上下两个圆面(底面、顶面)围成，因此，按照图 5.2 给定的尺寸制作圆柱的纸模。圆柱的几个表面展开后是什么样的形状?

想象用刀将圆柱的上下棱线和圆柱面的一条母线裁切开，圆柱展开形状。准备一张白纸，按照图 5.2 给定的尺寸，在白纸上画出四棱柱展开图，不同的裁切方式得到的展开图也不相同。图 5.3 为一种裁切方式得到的展开图。

可先按图 5.3 的尺寸裁剪一张长方形白纸，为了便于黏合，可在母线边缘留一点黏合边；再按要求剪好两个圆；然后将长方形白纸沿长边卷起成圆柱面，最后将剪好的两个圆面粘接在上方和下方作为顶面和底面，即宣告结束。

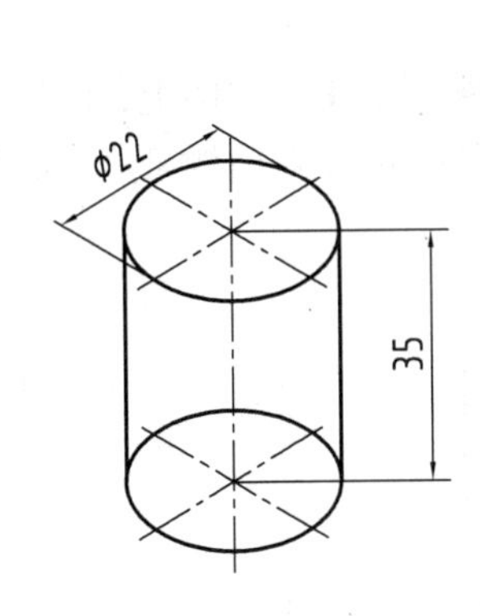

图 5.2　圆柱纸模图

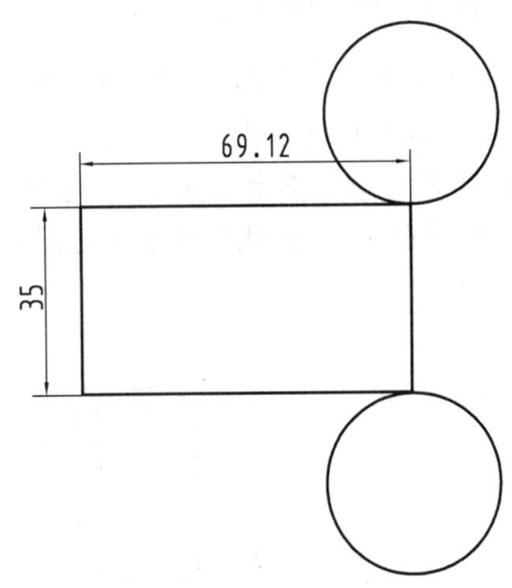

图 5.3　圆柱纸模展开图

二、圆柱体的三面投影

将图 5.2 所示圆柱放入三投影体系模型中，观察其投影特性，并在模型中描出圆柱的三面投影，如图 5.4 所示。用笔画出三面投影之间的联系线。将投影体系模型展开即得圆柱的三视图。其水平投影是一个直径为 22 的圆，反映了上下两面的投影特征，主视图和左视图都为 22×35 的长方形，分别反映了圆柱面的投影特征。

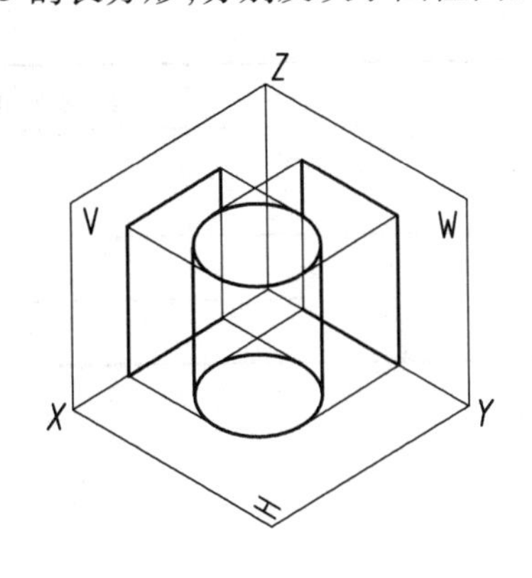

图 5.4　圆柱的投影原理

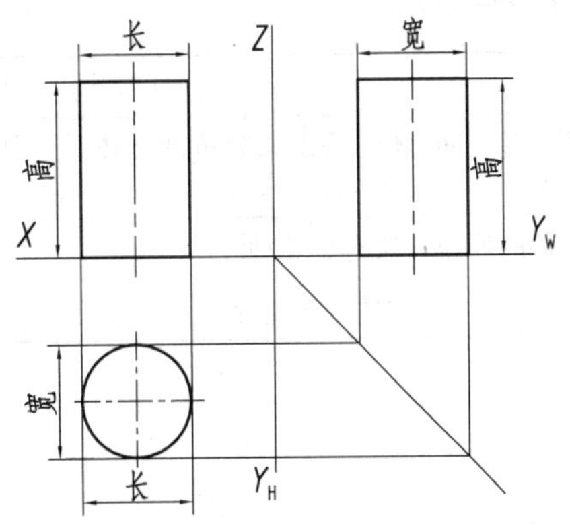

图 5.5　圆柱的三视图

在平面上绘制圆柱的三面投影，如图5.5所示。三视图对应关系如下：

主、俯视图长相等（简称长对正）；

主、左视图高相等（简称高平齐）；

俯、左视图宽相等且前后对应（宽相等）。

三视图之间方位对应关系，如图5.6所示。

主视图反映物体的上、下、左、右；

俯视图反映物体的前、后、左、右；

左视图反映物体的上、下、前、后。

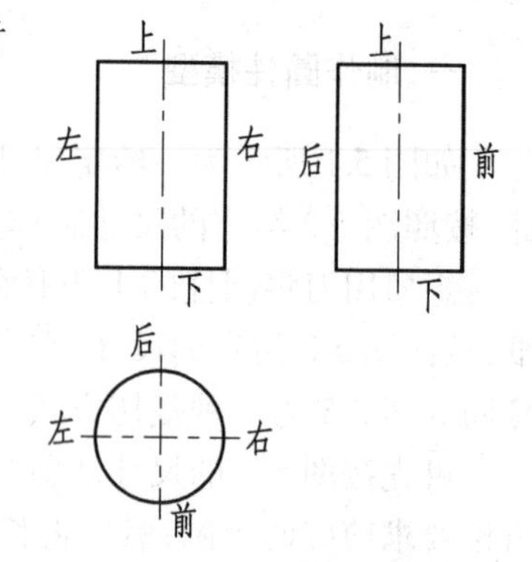

图5.6 圆柱三视图的方位对应关系

三、圆柱体表面上的点

在圆柱表面上点的投影，主要是利用圆柱面投影的积聚性来求得，并利用前述所学的三视图对应关系判断其可见性。

如图5.7所示圆柱面上点 m、n，首先圆柱面上的点在俯视图上集聚在圆上，而只有与顶面的棱线可见，因此，m、n 在此处都不可见；其次在主、左视图上点 m 在左前侧可见，而点 n 在右后侧故不可见。

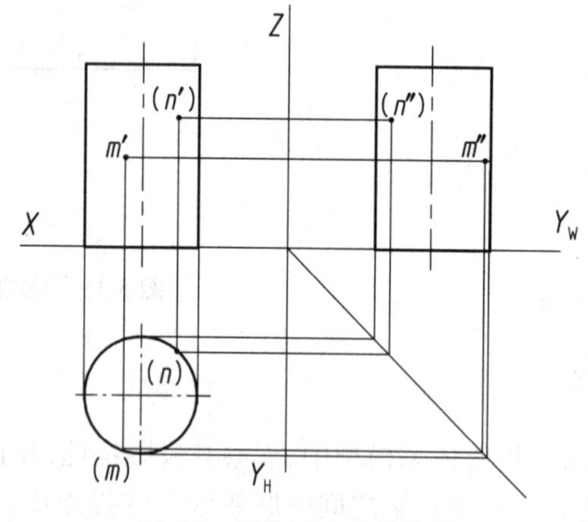

图5.7 圆柱面上点的投影

【学习日志】

能回答下述问题吗？		自我评价
1.能用点、线、面、体的关系来分析圆柱体是怎样形成的吗？		
2.圆柱体的形成方法有哪几种？		
3.再列举5种生活中的圆柱体？		

活动二　绘制圆柱体正等轴测图

【学习要点】

1.进一步掌握正等轴测图投影,熟悉平面立体正等轴测图画法;

2.掌握平面立体切割/叠加后正等轴测图画法。

一、圆的正等轴测图

平行于坐标面的圆的正等轴测图为椭圆。如图5.8所示为平行于3个不同坐标面的圆的正等轴测图,其形状和大小完全相同,除长、短轴的方向不同外,画法都一样。

作圆的正等轴测图时,必须清楚长、短轴的方向。从图5.8中可知,椭圆的长轴方向与菱形的长对角线重合,短轴方向与菱形的短对角线重合。

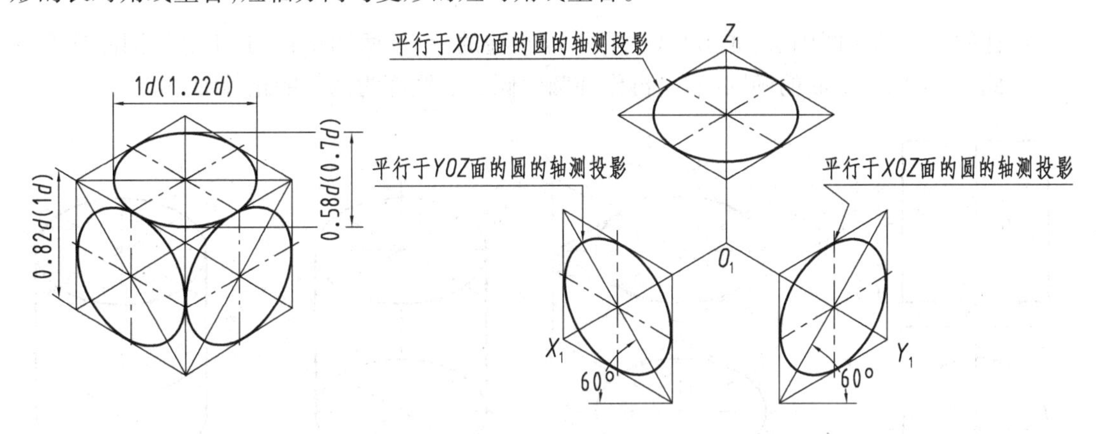

图5.8　平行于坐标平面圆的正等轴测投影

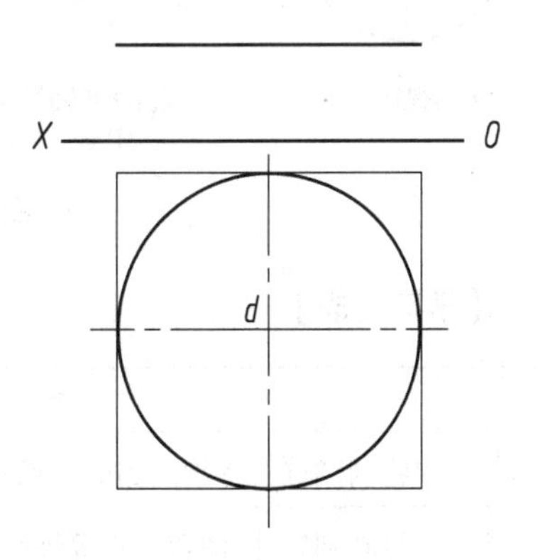

图5.9　平行于 H 面圆的投影

按照正等轴测图的投影原理,轴向伸缩系数是0.82,平行于轴测轴方向的尺寸会变成原尺寸的0.82倍,圆的投影会变为椭圆,椭圆的长轴是圆的直径 d,短轴变为 $0.58d$。为了作图方便,正等测作图时各轴向伸缩系数采用1,1/0.82=1.22,相当于将图样放大1.22倍,轴测轴的方向由原来的长度 $0.82d$ 变为 $1d$,短轴从原来的 $0.58d$ 变为 $0.7d$,长轴从原来的 $1d$ 变为 $1.22d$。

由分析可知,椭圆的长短轴与轴测轴有关,如:

当圆平面平行于 XOY 面时,它的轴测投影是椭圆,其椭圆的长轴垂直于 O_1Z_1 轴,即成水平位置,短轴平行于 O_1Z_1 轴。

当圆平面平行于 XOZ 面时,它的轴测投影是椭圆,其椭圆的长轴垂直于 O_1Y_1 轴,即成水平位置,短轴平行于 O_1Y_1 轴。

当圆平面平行于 YOZ 面时,它的轴测投影是椭圆,其椭圆的长轴垂直于 O_1X_1 轴,即成水平位置，短轴平行于 O_1X_1 轴。

也即是说，当圆平面平行于坐标平面时，圆的轴测投影是椭圆，其长轴方向与该坐标平面垂直的轴测轴垂直；短轴方向与该轴测轴平行。

圆的正等轴测图为椭圆，通常采用近似画法作图。现以平行于 H 面的圆(图 5.9)为例来说明其画法，作图步骤如图 5.10 所示。

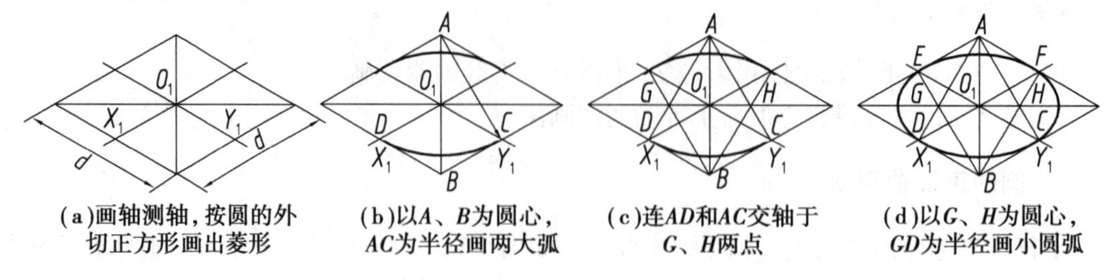

(a)画轴测轴，按圆的外切正方形画出菱形　(b)以A、B为圆心，AC为半径画两大弧　(c)连AD和AC交轴于G、H两点　(d)以G、H为圆心，GD为半径画小圆弧

图 5.10　平行于 H 面圆的正等轴测图近似画法

二、圆柱的正等轴测图

圆柱的正等轴测图画法，如图 5.11 所示，因圆柱的上、下两圆平行，其正等轴测图均为椭圆。因此，将顶面和底面的椭圆画好，再作椭圆两侧公切线即为圆柱的正等轴测图。

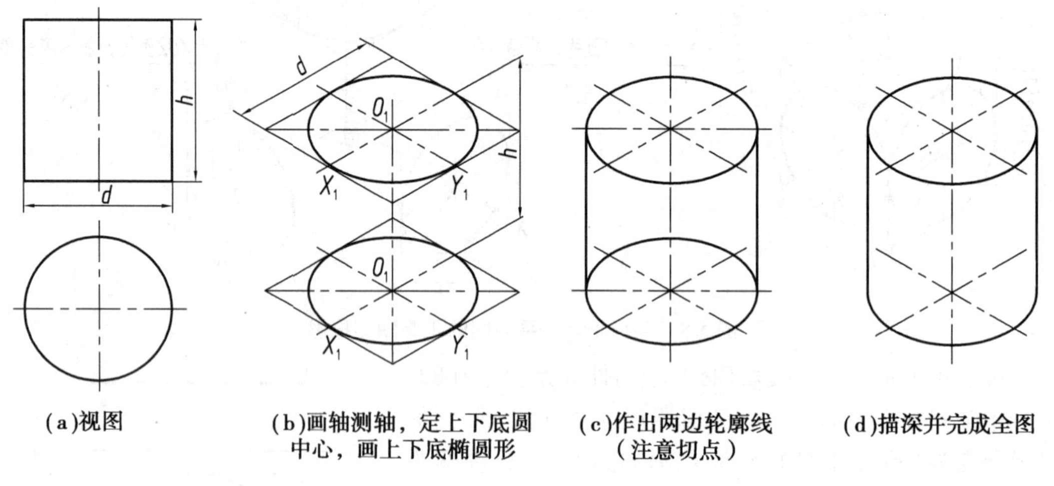

(a)视图　(b)画轴测轴，定上下底圆中心，画上下底椭圆形　(c)作出两边轮廓线（注意切点）　(d)描深并完成全图

图 5.11　圆柱正等轴测图的画法

【学习日志】

能回答下述问题吗?		自我评价
1.能说出绘制圆柱正等轴测图的要点吗?		
2.能试着绘制圆锥体、圆台的正等轴测图吗?		
3.能试着绘制出带有开槽或切口的圆柱体正等轴测图吗?		

活动三　徒手绘制圆柱轴测图

【学习要点】

1.进一步熟悉徒手绘图的基本技法；
2.学会徒手绘制圆柱轴测图。

一、圆和椭圆的徒手绘制

1)圆的徒手绘制

画圆时,先定圆心位置,再过圆心作中心线,在中心线上按半径大小目测定出4点,过此4点徒手描出圆,如图5.12(a)所示。画大圆时,可定出8点或更多的点,再过这些点描出大圆,如图5.12(b)所示。

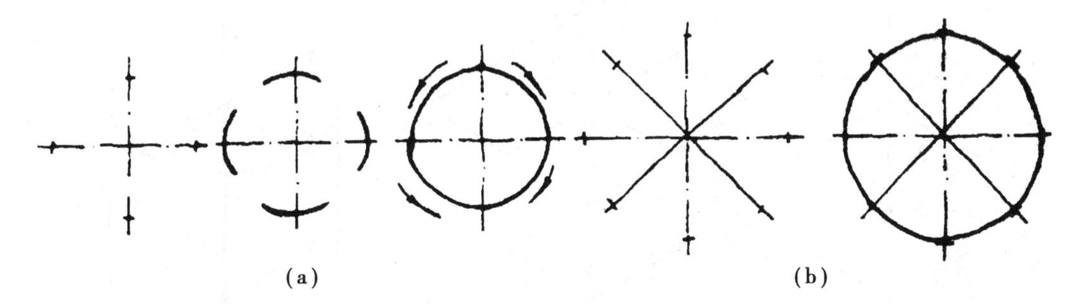

图5.12　圆的徒手画法

2)椭圆的徒手绘制

作椭圆的方法一般为八点法,如图5.13所示。先作椭圆的中心线,根据长、短轴大小定出椭圆的4个端点1、3、5、7,过端点画椭圆的外切矩形,将矩形的对角线6等分,最后过4个端点及对角线靠外等分点2、4、6、8共8点,徒手描绘出椭圆。

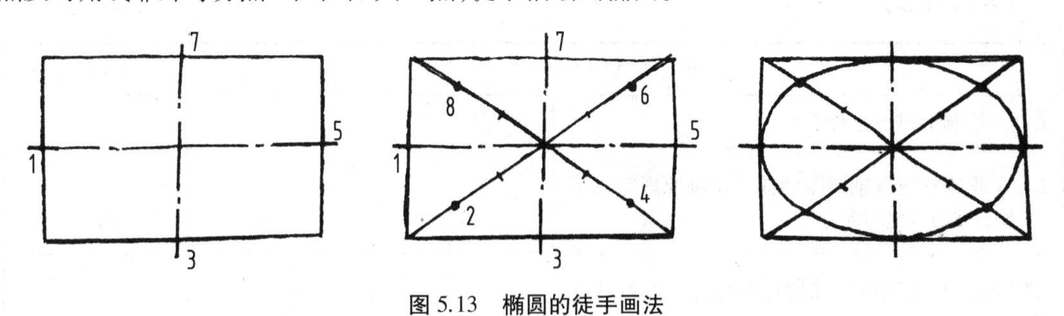

图5.13　椭圆的徒手画法

二、圆柱正等轴测图的徒手绘制

1)正等轴测图中椭圆的徒手绘制

圆的轴测投影一般为椭圆,可找出椭圆上的8个点,然后光滑连接而成,如图5.14所示。先作轴测轴OX、OY,根据圆的直径D作菱形,得椭圆上4个切点1、3、5、7;然后连接菱形的对角线并 6 等分，得到靠外侧 2、4、6、8 等分点。最后光滑连接 1、2、3、4、5、6、7、8，即完成椭圆的绘制。

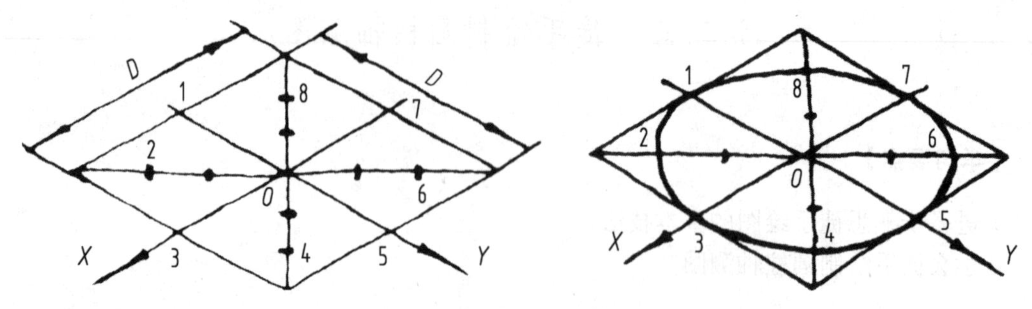

图 5.14　椭圆的正等轴测投影徒手画法

2）圆柱正等轴测图的徒手绘制

圆柱正等轴测图的徒手绘制方法如图 5.15 所示，先确定轴测轴的位置以及顶、底面的中心，根据圆柱的直径绘制顶面菱形、底面菱形的两边，按照前述正等轴测图中椭圆的徒手画法描出顶面椭圆和底面可见的下半截椭圆，最后连接两椭圆的左右两侧公切线即可。

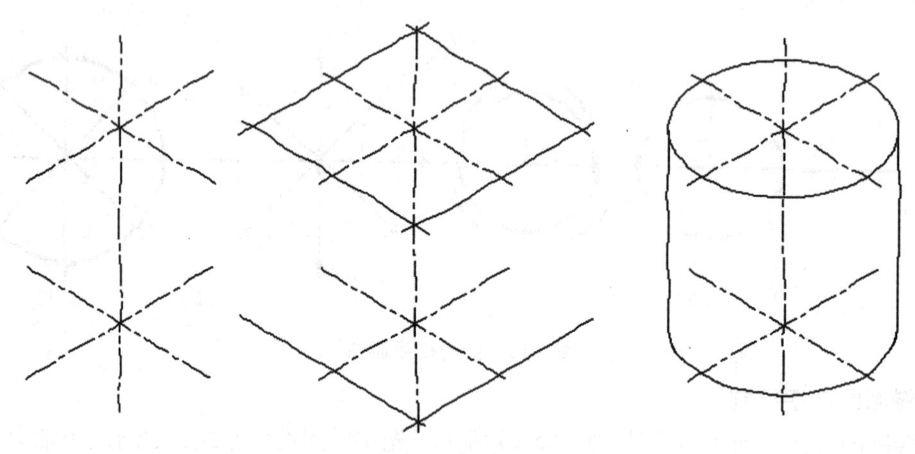

图 5.15　圆柱正等轴测图的徒手绘制

【学习日志】

能回答下述问题吗？		自我评价
1.徒手绘制的难点是什么？		
2.能依据圆柱正等轴测图的徒手绘制原理完成圆锥、圆台的徒手绘制吗？		
3.能否发现生活中的类似圆柱的用品，并将其徒手绘制出来。		

活动四　任务小结

【学习要点】

1. 交流沟通，敢于表达，能接受批评意见；
2. 能正确评价自己，能客观评价他人；
3. 通过对比认识自己的优势与不足，思考改进方法。

一、任务要点回顾

①圆柱体的认识；
②圆柱体的三面投影；
③圆柱表面上点的投影；
④圆柱正等轴测图的绘制；
⑤圆柱正等轴测图的徒手绘制。

二、作业展示与评价

各学习小组根据本组情况，选送一份最能代表自己小组水平的图样，随图样附带一份完成自评分值的评分标准（见表 5.1），在教室展示，其中的优秀作业作为样本保存。

表 5.1　评分标准

小组名称：　　　　绘图人姓名：　　　　日期：

评价项目	内容及要求	配分	自评	互评	师评
布图	布图均匀合理，比例选取恰当	10			
图形	图形正确	25			
图线	线型正确，粗细分明，间隔合理	10			
	图线干净，线条流畅	10			
徒手绘制	徒手绘制线直，描绘过渡光滑	10			
文字	文字书写符合国家标准，字体工整；汉字、数字和字母均应遵守国家标准的规定	5			
图面整洁度	图面整洁、美观	10			
工具仪器使用	作图过程中工具、仪器能合理摆放，能规范使用绘图工具和仪器，无损坏	10			
态度	能专注作图，能及时反馈问题，能与他人交流、沟通、合作，能接受批评建议	10			
总　分		100	×30%	×30%	×40%
分值汇总					

续表

评价项目	内容及要求	配分	自评	互评	师评
点评记录					

各学习小组对展出的其他各组作业给予评分，对分值偏差比较大的项目，评分人作出解释。每组派代表指出自己作业的优点，争取加分。

三、反思

课后反思		自我评价
1.完成本学习任务我们花费了多少学时，在哪些方面还可以提高效率？		
2.还有哪些方面的知识需要回顾温习？还有哪些方面的技能需要多加练习？		
3.完成本学习任务的过程中，其表现能否令自己满意，该如何改进？		

任务 6

阶梯轴测绘

【目的要求】

1.掌握轴类零件的基本知识;
2.合理选择阶梯轴零件视图的表达方法及尺寸标注;
3.能正确使用测量工具,绘制阶梯轴;
4.能参与讨论交流,学会观察比较。

活动一　认识轴类零件

【学习要点】

1.轴类零件基本知识;
2.掌握轴类零件视图的选择。

轴类零件是机械产品中经常遇到的典型零件之一,如图 6.1 所示。它主要用来支承传动零部件,传递扭矩和承受载荷。按轴类零件结构形式不同,一般可分为光轴、阶梯轴和异形轴 3 类,或分为实心轴、空心轴等。它们在机器中用来支承齿轮、带轮等传动零件,以传递转矩或运动。轴类零件是旋转体零件,其长度大于直径,一般由同心轴的外圆柱面、圆锥面、内孔和螺纹及相应的端面所组成。根据结构形状的不同,轴类零件可分为光轴、阶梯轴、空心轴和曲轴等。

轴的长径比小于 5 的称为短轴,大于 20 的称为细长轴,大多数轴介于两者之间。

轴用轴承支承,与轴承配合的轴段称为轴颈。轴颈是轴的装配基准,它们的精度和表面质量一般要求较高,其技术要求一般根据轴的主要功用和工作条件制定,通常有以下 5 项内容:

(1)表面粗糙度

一般与传动件相配合的轴径表面粗糙度值 Ra 为 2.5~6.3 μm,与轴承相配合的支承轴径的表面粗糙度值 Ra 为 1.6~6.3 μm。

图 6.1　轴类零件图

（2）相互位置精度

轴类零件的位置精度要求主要是由轴在机械中的位置和功用决定的。通常应保证装配传动件的轴颈对支承轴颈的同轴度要求，否则会影响传动件（齿轮等）的传动精度，并产生噪声。普通精度的轴，其配合轴段对支承轴颈的径向跳动一般为 0.01 ~ 0.03 mm，高精度轴（如主轴）通常为 0.001 ~ 0.005 mm。

（3）几何形状精度

轴类零件的几何形状精度主要是指轴颈、外锥面、莫氏锥孔等的圆度、圆柱度等，一般应将其公差限制在尺寸公差范围内。对精度要求较高的内外圆表面，应在图纸上标注其允许偏差。

（4）尺寸精度

起支承作用的轴颈为了确定轴的位置，通常对其尺寸精度要求较高（IT5 ~ IT7）。装配传动件的轴头尺寸精度一般要求较低（IT6 ~ IT9）。

（5）其他技术要求

其他不便于注写在图样上的技术要求，如表面质量、热处理要求等，写在图样下方空白处。

一、轴类零件的分类（见图 6.2）

二、轴类零件的结构特点

①长度大于直径；

②加工表面为内外圆柱面、圆锥面、螺纹、花键、沟槽等；

③有一定的回转精度。

三、轴类零件的视图选择

如图 6.3 所示涡轮轴，在绘制图形时可按以下步骤进行：

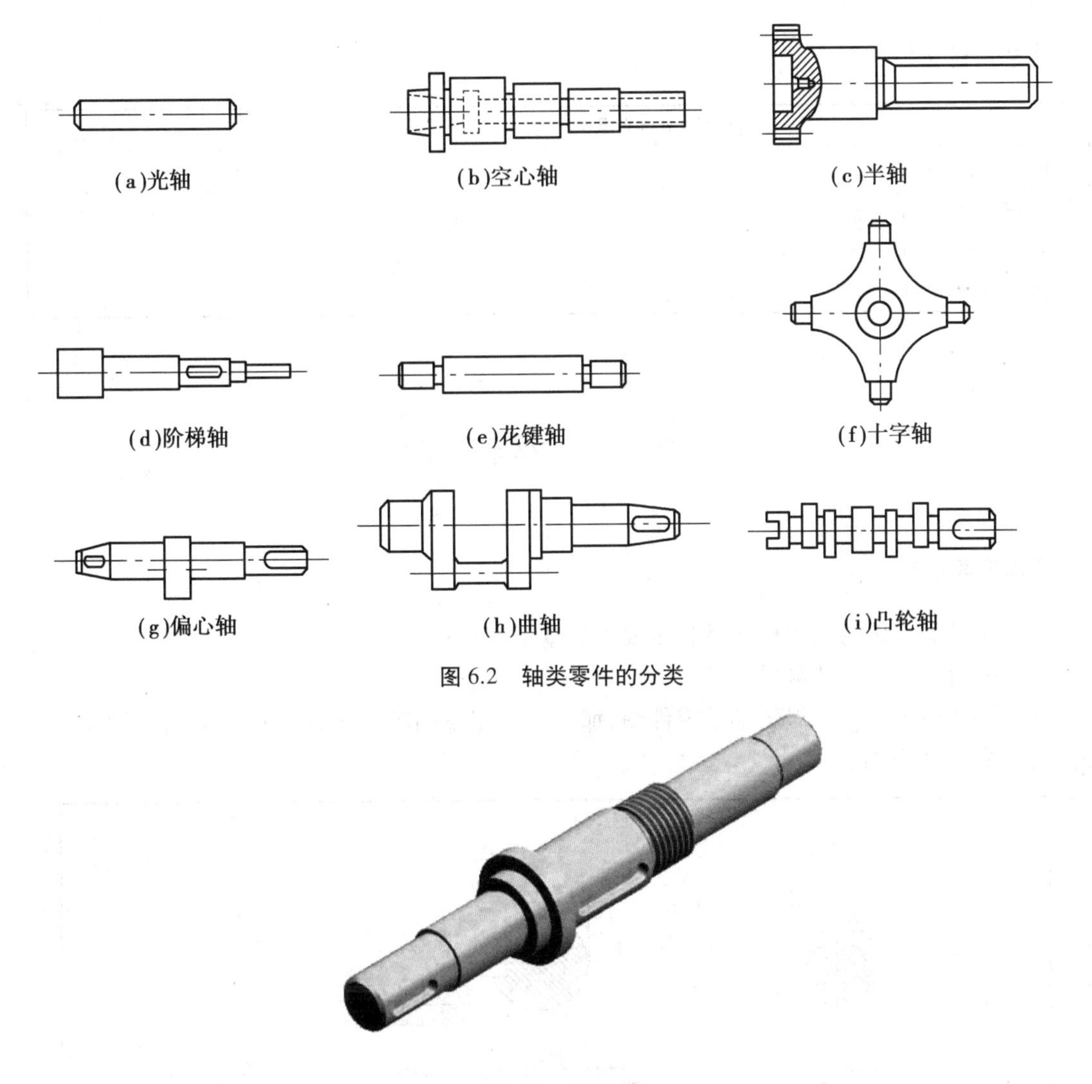

图6.2　轴类零件的分类

图6.3　涡轮轴

(1)认识零件

轴是用来支承传动零件(齿轮、皮带轮等)传递动力和运动的零件。由于轴上零件固定定位和拆装工艺的要求,轴类零件一般由若干直径不等的同心圆柱组成,形成阶梯轴,常有键槽、销孔、凹坑等结构。

(2)选择主视图

主视图选择一般按照加工位置或者工作位置摆放在投影体系中。

轴类零件一般在车床上进行加工,其主视图按照加工状态将轴线水平放置,主视图的投射方向垂直于轴线。过长的轴可以采用打断画法。

(3)选择其他视图

轴上的孔和槽等结构一般用断面图进行表达,一些细部结构如退刀槽、砂轮越程槽等,必要时可采用局部放大图准确地表达其形状和标注尺寸。

断面图是用假想剖切平面将机件某处切断,仅画出切断平面上的图形,称为断面图。断面图形中画上方向一致、疏密相同、间隔均匀的45°细实线表示切断区域。

【学习日志】

能回答下述问题吗？		自我评价
1.轴的分类有哪些？		
2.轴的技术要求有哪些？		
3.轴的视图表达选择要点有哪些？		
4.轴的特点有哪些？		

活动二　阶梯轴测绘

【学习要点】

1.掌握轴类零件的尺寸标注及技术要求的基本知识；

2.掌握阶梯轴零件的测量工具。

如图 6.4 所示是一个涡轮轴的零件图，那么一个完整的轴类零件图样应如何绘制呢？让我们来进行以下分析：

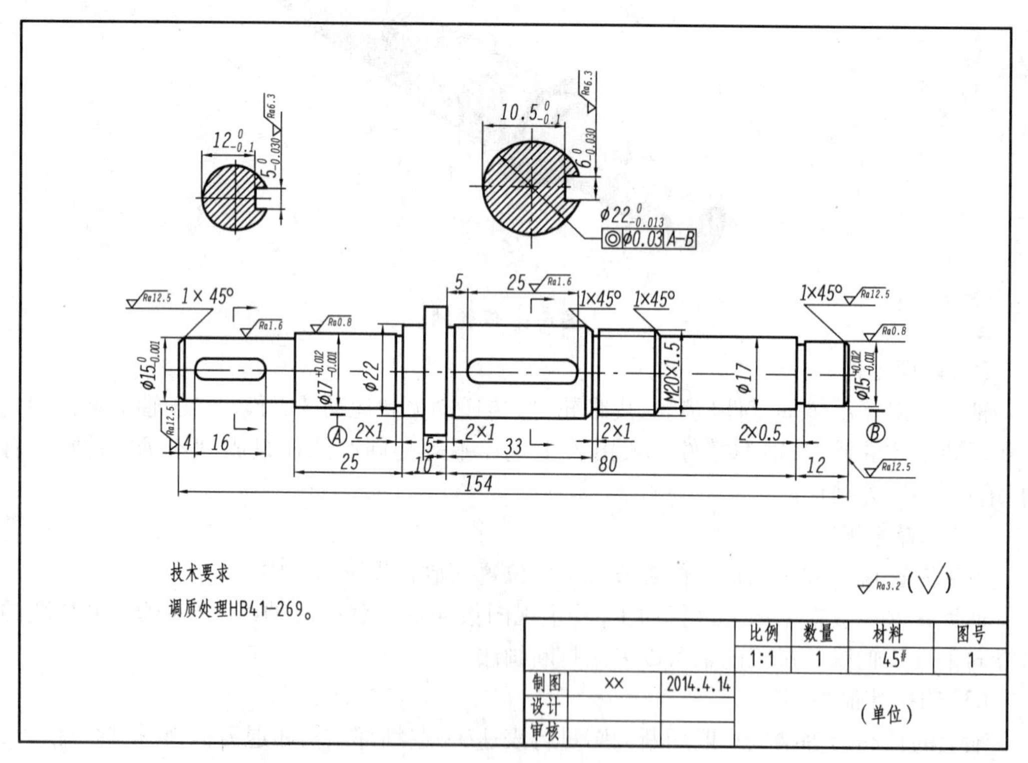

图 6.4　涡轮轴零件图

一、阶梯轴零件的常用测量工具

1）钢直尺

钢直尺如图 6.5 所示。

2）游标卡尺（带深度尺）

游标卡尺如图 6.6 所示。

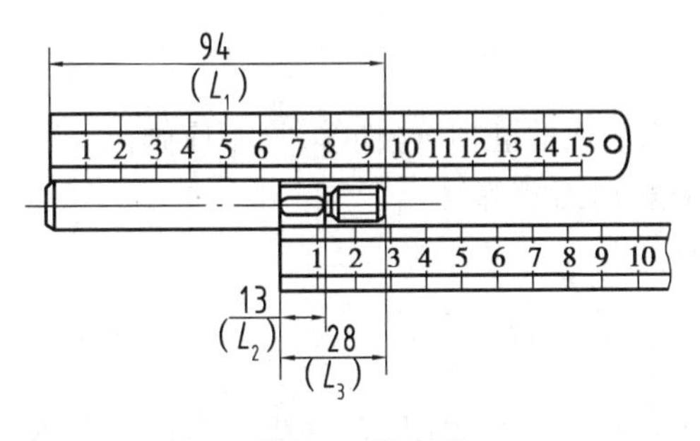

图 6.5　钢直尺

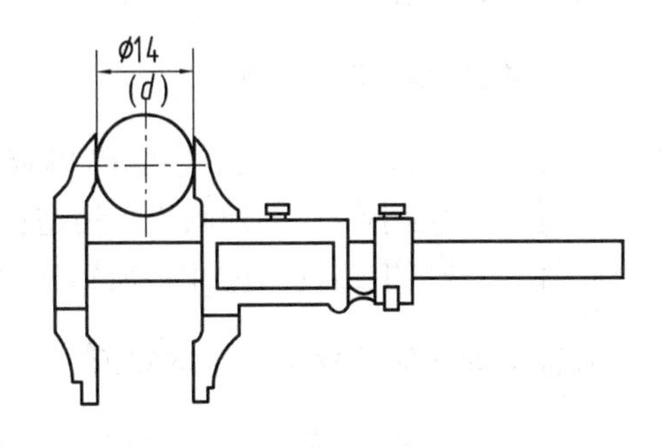

图 6.6　游标卡尺

3）千分尺

千分尺如图 6.7 所示。

4）螺距规

螺距规如图 6.8 所示。

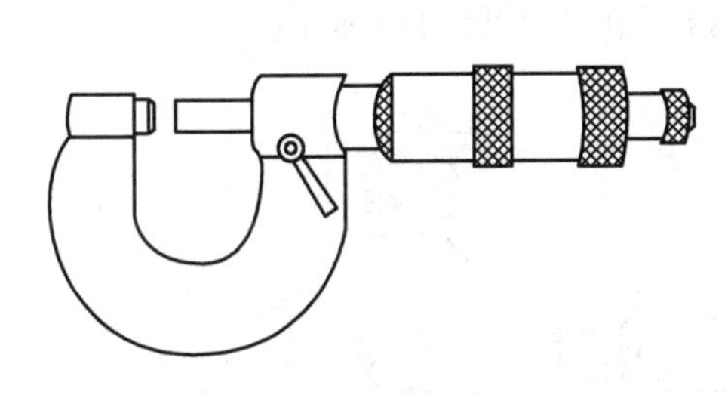

图 6.7　千分尺

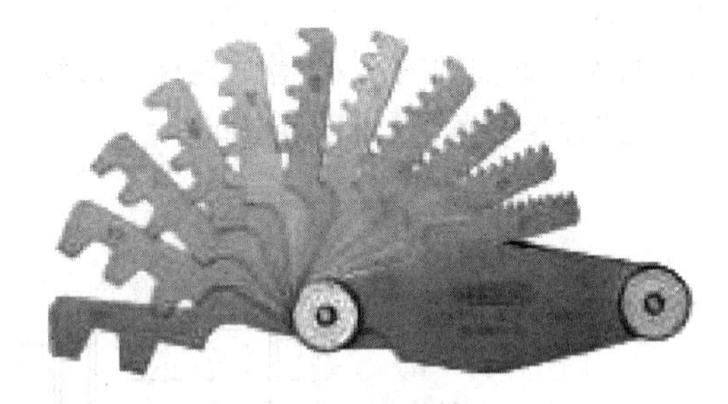

图 6.8　螺距规

二、测绘阶梯轴的流程和方法

阶梯轴绘制流程图如图 6.9 所示。

图 6.9　阶梯轴绘制流程图

（1）分析零件

了解轴类零件在机器或部件中的位置和作用，以及它与其他零件之间的关系，然后通过形体分析法分析其结构形状及特点。

（2）确定表达方案

选择合理的视图，以及各种表达方法，以完整及清晰地表达零件结构为原则。

(3)徒手绘制阶梯轴零件草图

(4)根据草图,用绘图工具作规范的零件图

①画基准线及中心线。

②画零件的各视图和断面图,并布局尺寸。

③测量标准尺寸,确定技术要求及填写标题栏。

④检查及整理图样。

三、零件测绘的注意事项

①零件上的缺陷(如砂眼、气孔等)以及长期使用造成的磨损、碰伤等,均不应画出。

②零件上的细小结构必须画出。铸造圆角、倒角、退刀槽等。

③零件上的标准结构的尺寸必须标准化。

四、轴类零件的尺寸标注基本知识

①对零件进行结构分析,从装配图或装配体上了解零件的作用,弄清楚该零件与其他零件的装配关系。

②选择尺寸基准和标注主要基准。

③考虑工艺要求,结合形体分析法标注其余尺寸。

④认真检查尺寸的配合与协调,是否满足设计与工艺要求,是否遗漏尺寸,是否有多余和重复尺寸。

下图为减速器轴的尺寸标注,在标注过程中应按照以下步骤进行标注:

(1)选择尺寸基准(见图 6.10)

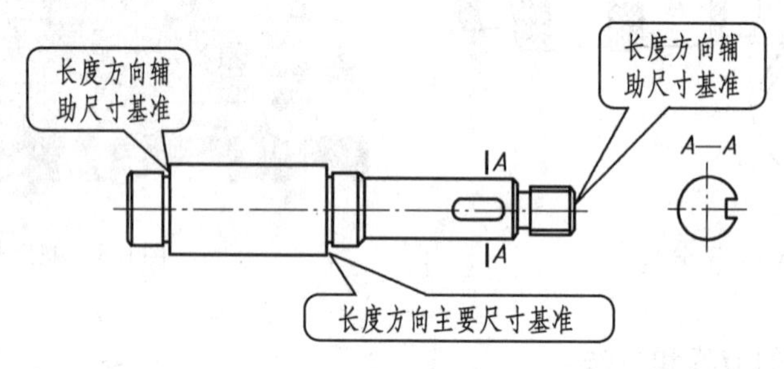

图 6.10 选择尺寸基准

(2)标注轴向主要尺寸(见图 6.11)

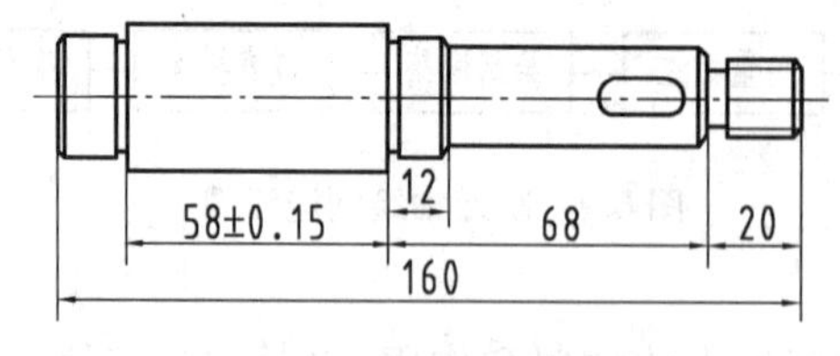

图 6.11 标注轴向主要尺寸

(3)标注其余尺寸(见图 6.12)

(4)断面图标注(见图 6.13)

断面图名称应在图形正上方。

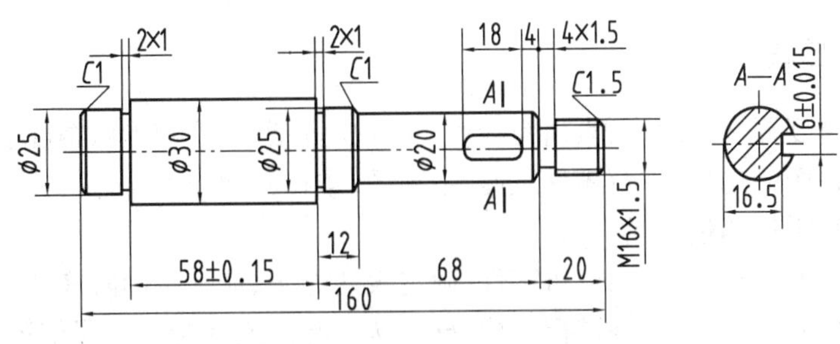

图 6.12　标注径向尺寸和其他尺寸

(5)粗糙度标注:按照 GB/T 131—2006 标准规定标注

(6)技术要求标注,参照图例。

在标注过程中应注意:

①主要尺寸从设计基准直接标注;

②尺寸标注应便于加工和测量;

③避免出现封闭尺寸链,如图 6.14 所示。

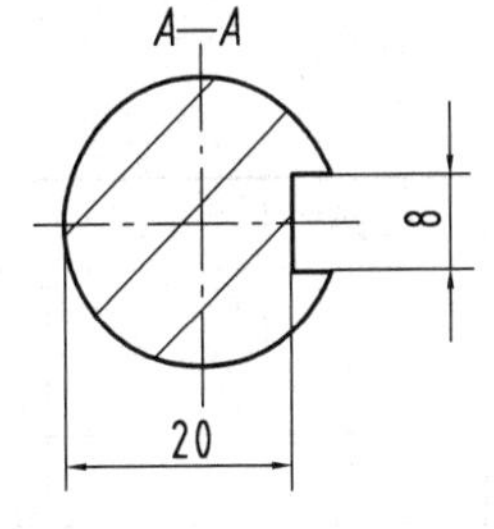

图 6.13　断面图尺寸标注

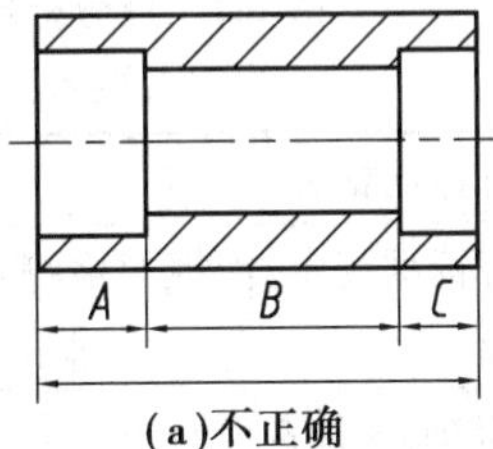

(a)不正确　(b)正确

图 6.14　标注方法

【学习日志】

能回答下述问题吗?		自我评价
1.利用测量工具测量阶梯轴。		
2.阶梯轴标注应注意哪些方面?		
3.简述阶梯轴测绘的流程。		
4.正确绘制阶梯轴。		

活动三　任务小结

【学习要点】

1.交流沟通,敢于表达,能接受批评意见;

2.能正确评价自己,能客观评价他人;

3.通过对比找出自己的优势与不足,思考改进方法。

一、任务要点回顾

①阶梯轴的精度要求一般有:表面粗糙度、相互位置精度、几何形状精度、尺寸精度。

②轴类零件视图的选择:了解零件、选择主视图、选择其他视图。

③认识阶梯轴零件测量工具。

④测绘阶梯轴的流程和方法:分析零件、确定表达方案、徒手绘制阶梯轴零件草图。

⑤轴类零件尺寸标注:对零件进行结构分析,从装配图或装配体上了解零件的作用,弄清该零件与其他零件的装配关系;选择尺寸基准和标注主要基准;考虑工艺要求,结合形体分析法标注其余尺寸;认真检查尺寸的配合与协调,是否满足设计与工艺要求,是否遗漏尺寸,是否有多余和重复尺寸。

二、作业展示与评价

各学习小组根据本组情况,选送一份最能代表自己小组水平的图样,随图样附带一份完成自评分值的评分标准(见表6.1),在教室展示,其中的优秀作业作为样本保存。

表6.1 评分标准

小组名称: 绘图人姓名: 日期:

评价项目	内容及要求	配分	自评	互评	师评
图幅图框	图纸幅面尺寸符合标准规定,图框规格符合标准规定	5			
布图	布图均匀合理,比例选取恰当	10			
图形	图形正确	20			
图线	线型正确,粗细分明,间隔合理	10			
	图线干净,线条流畅	10			
尺寸标注	尺寸标注正确、完整、规范,箭头符合国家标准	10			
文字	文字书写符合国家标准,字体工整;汉字、数字和字母均应遵守国家标准的规定	5			
图面整洁度	图面整洁、美观	8			
标题栏	标题栏及文字书写符合国家标准,内容填写准确	4			
工具仪器使用	作图过程中工具、仪器能合理摆放,能规范使用绘图工具和仪器,无损坏	8			
态度	能专注作图,能及时反馈问题,能与他人交流、沟通、合作,能接受批评建议	10			
总 分		100	×30%	×30%	×40%
分值汇总					
点评记录					

各学习小组对展出的其他各组作业给予评分,对分值偏差比较大的项目,评分人作出解释。每组派代表找自己作业的优点,争取加分。

三、反思

课后反思		自我评价
1.完成本学习任务我们花费了多少学时,在哪些方面还可以提高效率?		
2.还有哪些方面的知识需要回顾温习?还有哪些方面的技能需要多加练习?		
3.完成本学习任务的过程中,其表现能否令自己满意,该如何改进?		

任务 7
齿轮测绘

【目的要求】

1.能正确计算直齿圆柱齿轮的各项参数,能绘制标准圆柱齿轮零件图及其啮合图;
2.熟悉视图表示法,能合理选用表达方案;
3.会使用基本检具进行测量;
4.能参与小组活动,学会交流与沟通。

活动一 认识齿轮

【学习要点】

1.熟悉直齿圆柱齿轮的参数及计算方法;
2.熟悉齿轮零件图常用表达方案;
3.徒手画齿轮零件草图。

齿轮是机器中的传动件,应用较广。它的作用是利用一对啮合的齿轮,把一个轴上的动力和运动传递给另一个轴。同时还可根据需要改变轴的转速和旋转方向。齿轮一般成对使用,常见的齿轮传动可分为圆柱齿轮传动、圆锥齿轮传动及蜗轮蜗杆传动,如图 7.1 所示。

(a)圆柱齿轮传动(平行轴)

(b)圆柱齿轮传动(相交轴)

(c)蜗轮蜗杆传动(交叉轴)

图 7.1 常见齿轮传动

圆柱齿轮的轮齿一般是在圆柱体上切出的，单个齿轮一般具有轮齿、轮缘、辐板（或辐条）、轮毂、轴孔和键槽等结构；它的轮齿根据需要可制成直齿、斜齿等，结构尺寸已标准化；齿廓曲线多为渐开线。以下介绍标准直齿圆柱齿轮的基本参数及画法。

一、标准直齿圆柱齿轮各部分名称及尺寸关系

注意：本学习任务中选用案例均为标准齿轮。

直齿圆柱齿轮的齿廓形状及尺寸，在两端面上完全相同，轮齿各部分名称及尺寸参看图7.2，并分述如下：

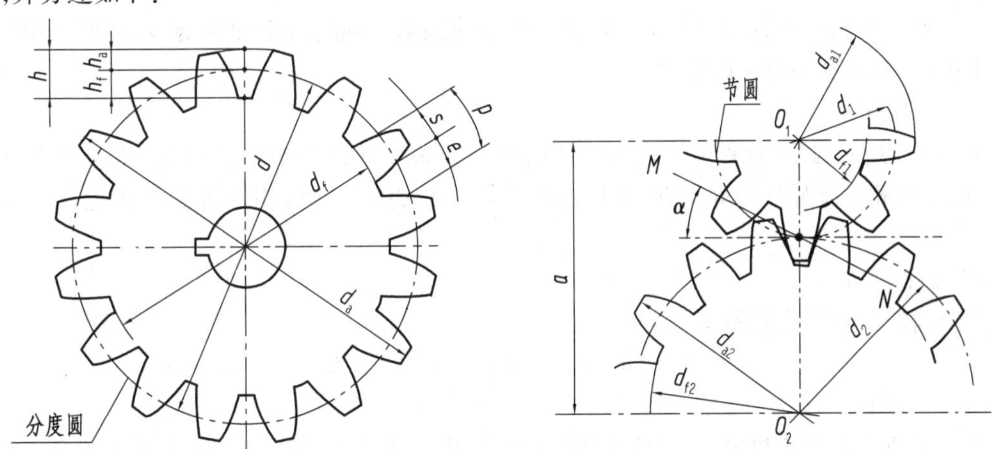

图 7.2　圆柱齿轮各部分名称

（1）齿顶圆直径 d_a

圆柱齿轮各个齿顶面的假想圆柱面的直径。

（2）齿根圆直径 d_f

圆柱齿轮各个齿槽底面的假想圆柱面的直径。

（3）分度圆直径 d

在齿顶圆和齿根圆之间的假想圆柱面的直径，在该圆上齿厚 s 和槽宽 e 相等。

（4）齿数 z

沿齿轮一周轮齿的总数。

（5）模数 m

分度圆齿距 p 除以圆周率 π 所得的商，单位为 mm，由以上关系可知：

因为 $d\times\pi=z\times p$　　所以 $d=z\times p\div\pi$

令 $m=p\div\pi$　　则 $d=z\times m$

模数相等的两齿轮才能相互啮合。圆柱齿轮各部分的尺寸都与模数成正比，因此，模数是齿轮几何参数计算的基础，为了简化设计和使切制齿轮用的刀具尺寸系列化，国家标准《渐开线圆柱齿轮模数》（GB 1356—87）规定了渐开线圆柱齿轮模数的标准系列值，供设计和制造齿轮时选用，见表 7.1。

表 7.1　标准模数 m

第一系列	1　1.25　1.5　2　2.5　3　4　5　6　8　10　12　16　20　25　32　40　50
第二系列	1.75　2.25　2.75　（3.25）　4.4　5.5　（6.5）　7　9　（11）　14　18　22　28　36　45

(6)全齿高 h

齿顶圆和齿根圆之间的径向距离;全齿高又分为两段,即齿顶高 h_a 齿顶圆和分度圆之间的径向距离,一般取 $h_a = 1$ m;齿根高 h_f 齿根圆和分度圆之间的径向距离,圆柱齿轮一般取$h_f = 1.25$ m;锥齿轮和涡轮 h_f 取 1.2 m。

所以 $h = h_a + h_f = 2.25$ m

因此有:

$$d_a = d + 2h_a = m(z + 2)$$

$$d_f = d - 2h_f = m(z - 2.5)$$

(7)节圆直径 D

齿轮副中两圆柱齿轮的假想节圆柱面的直径或该圆柱面与端平面的交线,一对正确安装的标准齿轮,其节圆与分度圆重合。

(8)压力角 α

如图 7.2 所示,过接触点 p 作齿廓曲线的公法线 MN,该线与节圆公切线 CD 所夹锐角称为压力角;标准直齿圆柱齿轮分度圆上的压力角一般为 $\alpha = 20°$;相啮合的两齿轮压力角应相等。

(9)中心距 a

齿轮副的两轴线之间的距离

$$a = (d_1 + d_2)/2 = m(z_1 + z_2)/2$$

(10)传动比 i

齿轮副两齿轮的转数之比,齿轮的转数之比与齿数成反比,若以 n_1、n_2 表示两啮合齿轮的转数时:$i = n_1/n_2 = z_2/z_1$。

二、圆柱齿轮的画法

下面分别以图 7.3 至图 7.5 为例,对单个圆柱齿轮、齿轮啮合以及啮合放大 3 种图示其画法。

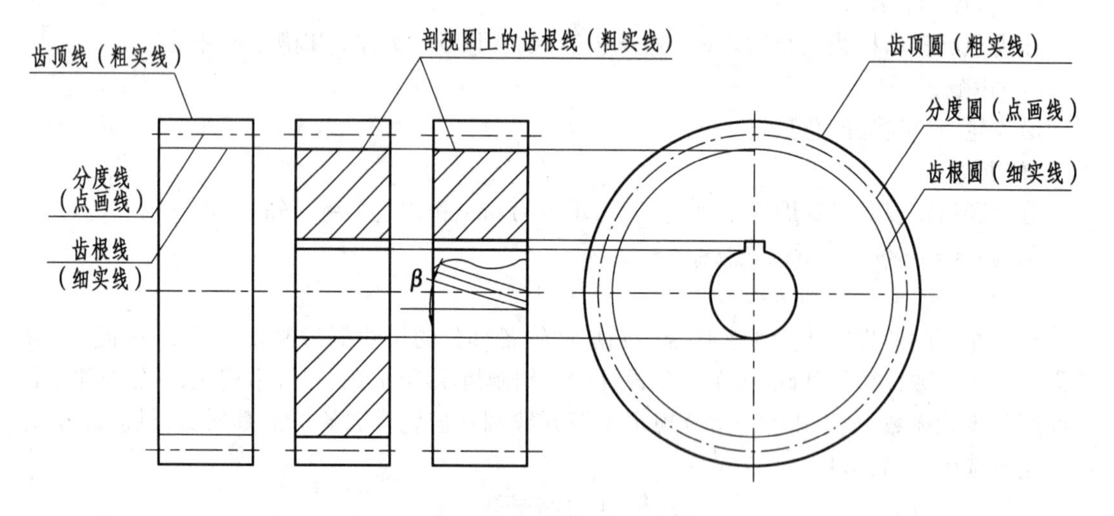

图 7.3 单个圆柱齿轮的画法

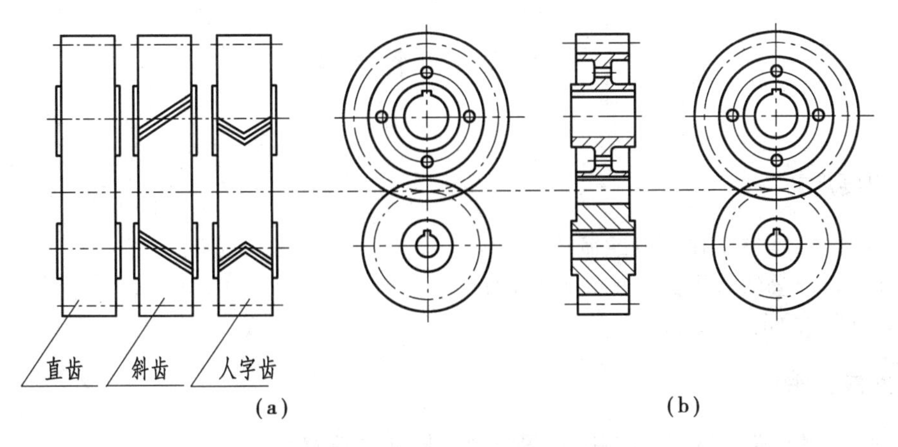

图 7.4　圆柱齿轮的啮合画法

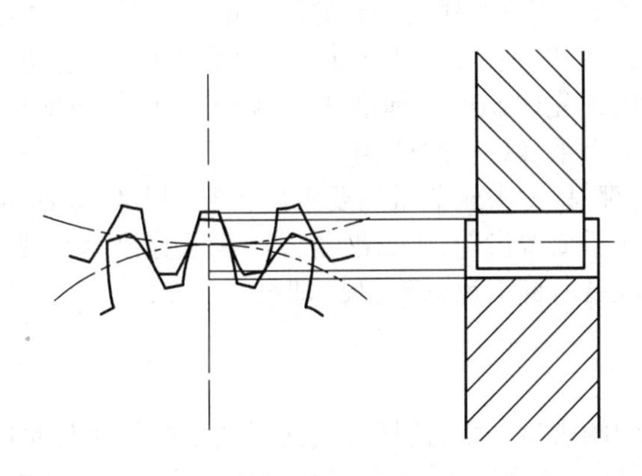

图 7.5　圆柱齿轮啮合画法放大图

【学习日志】

能回答下述问题吗?		自我评价
1.齿轮的作用是什么?		
2.齿轮的基本参数有哪些?		
3.齿轮的主要结构有哪些?		
4.齿轮的正确啮合有条件吗?是什么条件?		
5.通过齿轮画法的学习,你觉得在绘制齿轮时应注意哪些事项?		

活动二 齿轮测绘

【学习要点】

1. 尺规绘图、零件工作图的绘制练习；
2. 游标卡尺、公法线等分尺的正确使用；
3. 标注形式的正确选择。

一、准备工作

准备好待测标准直齿圆柱齿轮、记号笔、棉纱、粗糙度样块。

准备好绘图工具、仪器和用品，按照图样大小裁好图纸幅面并备一张 A4 大小的草图图纸（可采用方格纸或坐标纸）；将图纸平铺在图板上，用丁字尺找正后，用透明胶固定图纸，在图纸上绘制图框和标题栏，若采用预先印制好的标准图纸，则不用绘制图框和标题栏。做准备工作时还需清洁绘图工具，洗干净手，以免弄脏图纸。

准备好测量工件并做好清理，根据齿轮测量的要素准备和调节好量具。标准渐开线齿轮测量一般用游标卡尺即可，若测量变位齿轮，则需准备公法线千分尺、齿根圆千分尺等。本测量案例为标准圆柱齿轮，只需准备游标卡尺（带尾尺）即可。

二、绘制草图

分析零件结构，确定零件图的表达方案，选择合适比例徒手绘制零件草图，要求能够全面反映零件结构特征，力求表达简洁、清晰明了，注意留足尺寸标注空间。本案例齿轮表达方案采用全剖的主视图和左视图，如例图，齿轮草图及尺寸布局如图 7.6 所示。

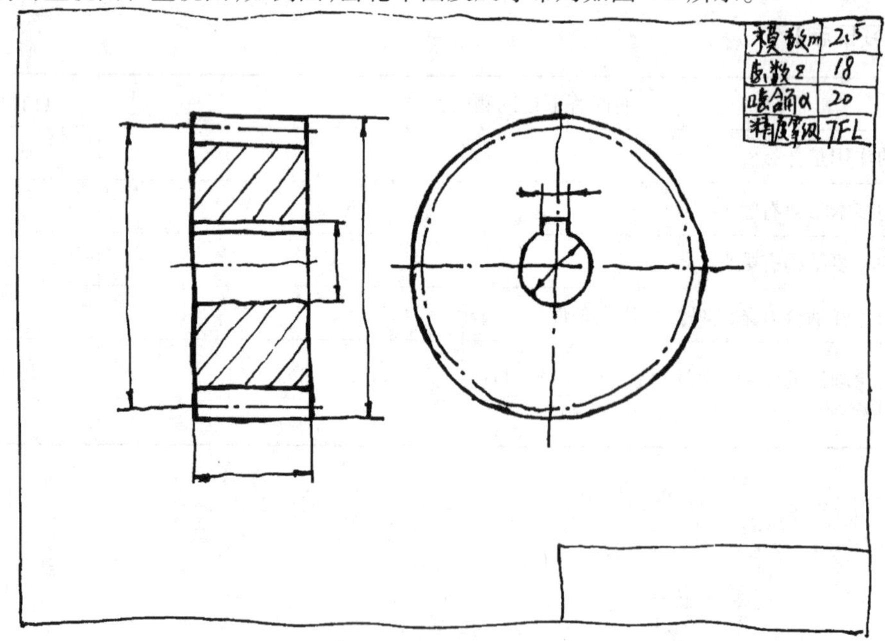

图 7.6 徒手绘制草图范例

选定尺寸标注基准，画出尺寸界线和尺寸线，要求尺寸布局规范合理。

三、测量标注

齿轮测量时首先要数出齿数 z，测出齿顶圆直径，若轮齿为偶数时，可用游标卡尺直接测量齿顶圆直径，若齿数为奇数时，可按照如图 7.7 所示的方法测量齿顶圆直径，齿顶圆直径 $d_a = 2e + D$。

根据零件结构，选择恰当测量工具对齿轮的各项尺寸逐一进行测量，完成表 7.2。

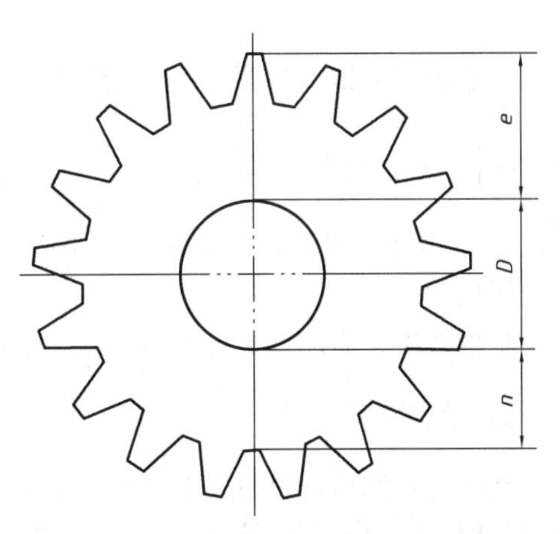

图 7.7　奇数齿轮齿顶圆测量方法

表 7.2　测量数据表

序号	测量项目	测量工具	测量数据
1	齿数 z	无	
2	齿顶圆直径 d_a	游标卡尺	
3	齿宽 b	游标卡尺	
4	轴孔直径	游标卡尺	
5	轮齿倒角	目测	
6	轴孔端倒角	目测	

注：测量数据要求取整。

根据测量数据，计算完成表 7.3。

表 7.3　参数计算表

模数 m	$m=\frac{p}{\pi}=\frac{d}{z}$	2.5
分度圆直径 d	$d=mz$	
齿顶高 h_a	$h_a=m$	
齿根高 h_f	$h_f=1.25m$	
齿高 h	$h=h_a+h_f$	
齿顶圆直径 d_a	$d_a=d+2h_a$	
齿根圆直径 d_f	$d_f=d-2h_f$	
齿距 p	$p=\pi m$	

注：根据齿顶圆直径 d_a 和齿数 z 计算出的模数 m 值后，查阅表 7.1，获得标准模数值。

根据测量所得齿顶圆直径和齿数计算模数 m，$d_{a测}=m(z+2)$，$m=\frac{d_{a测}}{z+2}$。本案例测得齿轮大径为 $\phi 49.76$，齿数为 18，计算：$m=\frac{49.76}{18+2}=2.488$。查表 7.1，2.488 最接近 2.5，所以标准模数为 2.5。此案例中大径值可能存在加工制造误差、测量误差，或者可能磨损，因此，实测值不能作为绘图尺寸。

根据标准化后的模数计算其他尺寸，见参数计算表 7.3。

四、绘制底稿

在完善草图后，根据草图，选择合适的图幅和比例，开始画底稿。注意布图按照约 3∶4∶3 的比例留空白，即主视图与左侧图框之间、两视图之间、左视图与右侧图边框之间空白约 3∶4∶3，上下大致居中，考虑到标题栏和技术要求，布图略偏上。

五、检查描深、标注尺寸

对照草图和测绘零件检查齿轮零件图，确认无误后，用 2B 铅笔将零件轮廓进行描深，然后按照前述草图完成尺寸标注。

六、填写参数

参照图 7.8 的要求画上参数栏，并将参数填写完整，然后查询所测齿轮应注意的技术规范和要求，将其按图 7.8 所示填在技术要求项目里。

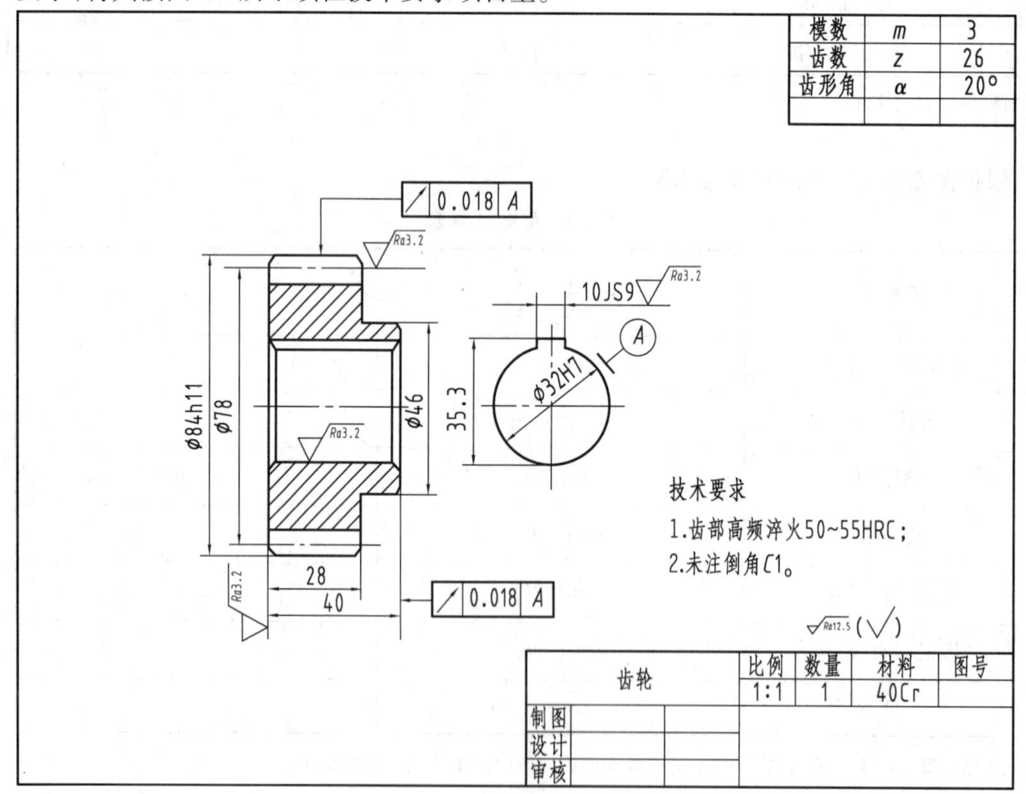

图 7.8　齿轮零件图

齿轮测绘流程如下：

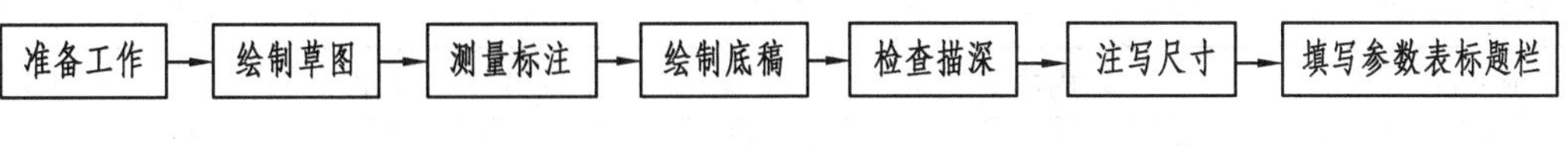

【学习日志】

能完成下述工作吗？		自我评价
1.齿轮测绘的几个步骤中最困难的是哪个？为什么？		
2.你能说出齿轮测量的关键项目是哪些吗？		
3.你能总结一下绘制齿轮零件图与其他零件图的区别吗？		

活动三　任务小结

【学习要点】

1.学习总结工作的得失，指导后续工作的开展；
2.通过展示活动学会交流表达；
3.通过观摩他人作品提高自身绘图能力。

一、任务要点回顾

1）齿轮类零件的特征

齿轮类零件属于机器或部件的重要传动零件，广泛应用于机器（或部件）中。它将一根轴的动力传递到另一根轴，也可以用来改变转速和转向。

齿轮可按其齿形分为渐开线齿轮、摆线齿轮、圆弧齿轮和抛物线等；外形分为圆柱齿轮、锥齿轮、非圆齿轮、齿条、蜗杆蜗轮；按齿线形状分为直齿轮、斜齿轮、人字齿轮、曲线齿轮；按轮齿所在的表面分为外齿轮、内齿轮；按制造方法可分为铸造齿轮、切制齿轮、轧制齿轮、烧结齿轮等。

2）齿轮零件测绘重点

首先要确定理想的表达方案，并绘制草图；其次，直接测量齿顶圆直径，数出齿数；然后计算出模数并标准化，根据标准化之后的模数计算齿顶圆直径、分度圆直径、齿高、齿顶高、齿根高和齿根圆直径，如表7.3所示。

二、作业展示与评价

各学习小组根据本组情况，选送一份最能代表自己小组水平的图样，随图样附带一份完成自评分值的评分标准（见表7.4），在教室展示，其中的优秀作业作为样本保存。

表 7.4 评分标准

小组名称： 绘图人姓名： 日期：

评价项目	内容及要求	配分	自评	互评	师评
图幅图框	图纸幅面尺寸符合标准规定，图框规格符合标准规定	2			
表达方案	方案简洁合理，表达清晰，符合齿轮表达特点	8			
图形	图形正确，符合齿轮画法规定	20			
图线	线型正确，粗细分明，间隔合理	5			
	图线干净，线条流畅	5			
尺寸标注	尺寸标注正确、完整、清晰、合理	10			
文字	文字书写符合国家标准，字体工整；汉字、数字和字母均应遵守国家标准的规定	5			
图面整洁度	图面整洁、美观	5			
草图绘制	草图绘制正确，表达要素齐全，作图速度快	15			
测绘用时	按时完成合格，超时适当扣减	8			
标题栏	标题栏及文字书写符合国家标准，内容填写准确	4			
工量具仪器使用	作图过程中工具、仪器能合理摆放，能规范使用绘图工具和仪器，无损坏	5			
态度	能专注作图，能及时反馈问题，能和他人交流、沟通、合作，能接受批评建议	8			
总　分		100	×30%	×30%	×40%
分值汇总					
点评记录					

各学习小组对展出的其他各组作业给予评分，对分值偏差比较大的项目，评分人作出解释。每组派代表找自己作业的优点，争取加分。

三、反思

课后反思		自我评价
1.完成本学习任务我们花费了多少学时的时间，在哪些方面还可以提高效率？		
2.还有哪些方面的知识需要回顾温习？还有哪些方面的技能需要多加练习？		
3.完成本学习任务的过程中，其表现能否令自己满意，该如何改进？		

任务 8
螺纹测绘

【目的要求】

1.能快速徒手绘制螺纹件草图；
2.能熟练使用游标卡尺；
3.能正确使用螺距规；
4.能合理布图,合理布置尺寸。

活动一　认识螺纹

【学习要点】
1.普通三角螺纹的基本要素；
2.螺纹件表达方法；
3.螺纹的工作原理；
4.螺纹草图的绘制方法。

图 8.1 是生活中常见的一类零件,想一想,这类零件还有哪些,它们的名称是什么,各有什么用途?

图 8.1　螺栓与螺帽

显然,这类带有螺纹的零件在生活生产中很常见,应用也很广泛,主要起连接、紧固和传递动力的作用。螺纹是零件上常见的一种结构,螺纹分外螺纹和内螺纹两种,一般成对使用。

在圆柱或圆锥外表面上形成的螺纹称为外螺纹;在圆柱或圆锥内表面上形成的螺纹称为内螺纹。

一、螺纹的形成

一个与轴线共面的平面图形(如三角形、梯形等),绕圆柱面或圆锥表面作螺旋运动,则得到具有相同截面的连续凸起和沟槽——螺纹,如图 8.2 所示。

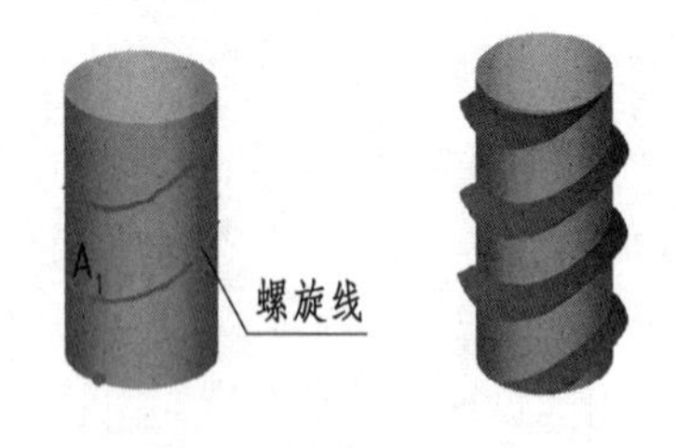

图 8.2 螺旋线与螺纹

加工在零件外表面上的螺纹称为外螺纹。加工在零件孔腔内表面上的螺纹称为内螺纹。

螺纹是根据螺旋线原理加工而成的。图 8.3 表示在车床上加工螺纹的情况:圆柱体工件做等速旋转运动,车刀在轴向等速切割工件,刀尖相对于工件形成螺旋线运动。由于刀尖刀刃的形状不同,在工件表面切割掉的部分的截面形状也不一样,因此,在加工中可以通过更换不同截面形状的车刀来加工出各种不同的螺纹。

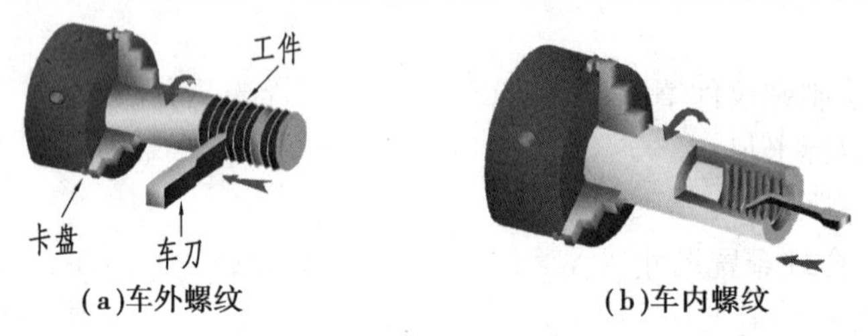

图 8.3 车床加工螺纹

同样的道理:铣削螺纹、磨削螺纹等螺纹加工方法也是利用刀具相对于工件形成螺旋线运动而加工出不同的螺纹。

二、螺纹的基本要素

螺纹一般成对使用,因此这一对螺纹的要素要完全一致才能配合使用。

1)螺纹的牙型

在通过螺纹轴线的剖面上,螺纹的轮廓形状称为牙型,如图 8.4 所示。

常见的螺纹牙型有三角形、梯形、锯齿形等,如图 8.5 所示。

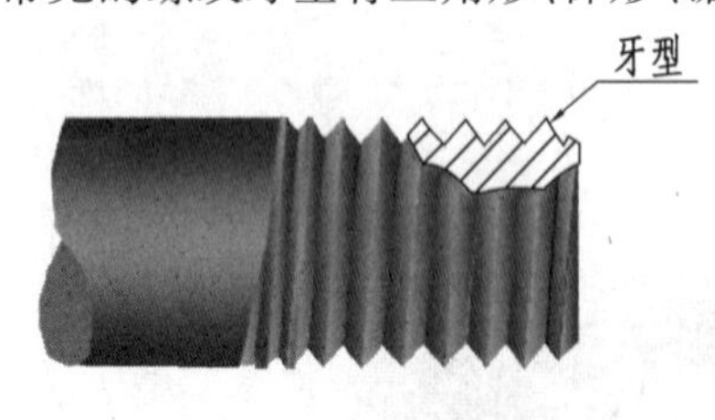

图 8.4 螺纹的牙型

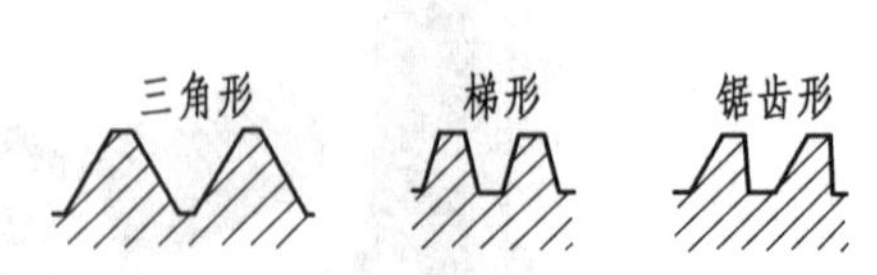

图 8.5 牙型的分类

2)螺纹的直径

螺纹的直径有大径 d(外螺纹)、D(内螺纹)、小径 d_1(外螺纹)、D_1(内螺纹)和中径 d_2(外螺纹)、D_2(内螺纹)。如图 8.6 所示。

大径:与外螺纹牙顶或内螺纹牙底相切的假想圆柱面的直径。d(外螺纹)、D(内螺纹)。

小径:与外螺纹牙底或内螺纹牙顶相切的假想圆柱面的直径。d_1(外螺纹)、D_1(内螺纹)。

中径:螺纹牙型上沟槽和凸起轴间距离相等处的假想圆柱面的直径。d_2(外螺纹)、D_2(内螺纹),如图 8.7 所示。

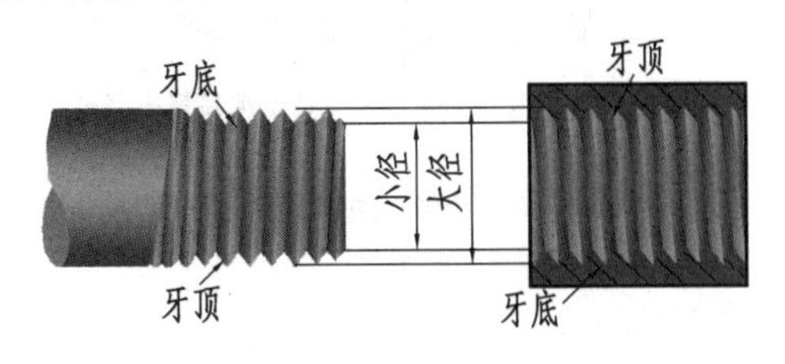

图 8.6　螺纹直径

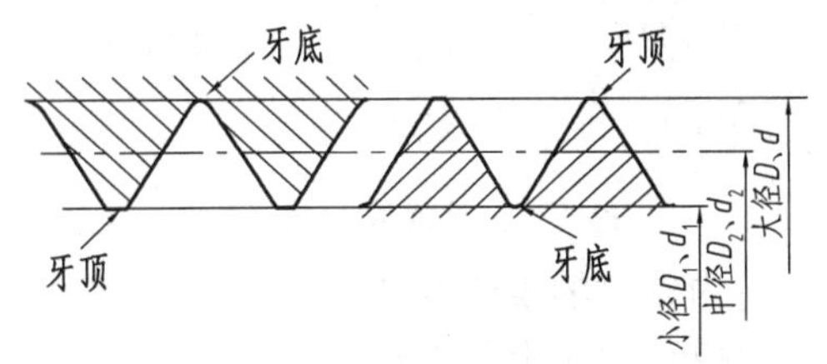

图 8.7　螺纹直径

3)螺纹的线数 n

螺纹的线数是指在同一回转体上所加工出的螺纹的条数。螺纹有单线螺纹和多线螺纹之分。沿一条螺旋线形成的螺纹称为单线螺纹;沿两条或两条以上在轴向等距分布的螺旋线所形成的螺纹称为多线螺纹,如图 8.8 所示。

4)螺纹的螺距 P 和导程 P_h

螺纹上相邻两牙在中径线上对应两点之间的轴向距离称为螺距,导程是指同一条螺纹上相邻两牙在中径线上对应两点之间的轴向距离,如图 8.9 所示。

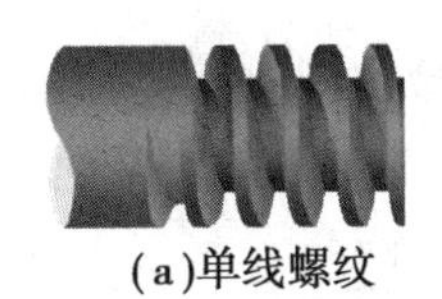

(a)单线螺纹　(b)双线螺纹

图 8.8　螺纹的线数

螺距=导程

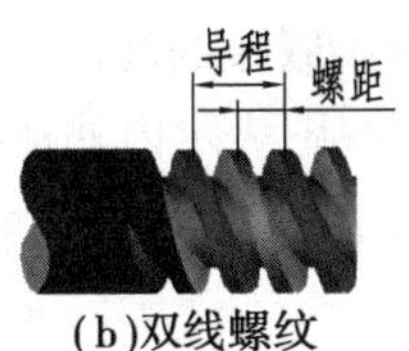

导程　螺距

(a)单线螺纹　(b)双线螺纹

图 8.9　螺纹的螺距和导程

注意:螺距和导程是两个不同的概念,对于单线螺纹:螺距等于导程,即 $P=P_h$;对于多线螺纹,螺距 P、导程 P_h 和线数 n 应满足下面的关系:

$$P = P_h/n$$

5)螺纹的旋向

螺纹分为右旋和左旋两种,顺时针旋转时旋入的螺纹为右旋螺纹,反之为左旋螺纹。

判定螺纹旋向的依据:将外螺纹轴线垂直放置,螺纹可见部分左边高者为左旋螺纹,右边高者为右旋螺纹,(右旋螺纹为常用螺纹)如图 8.10 所示。

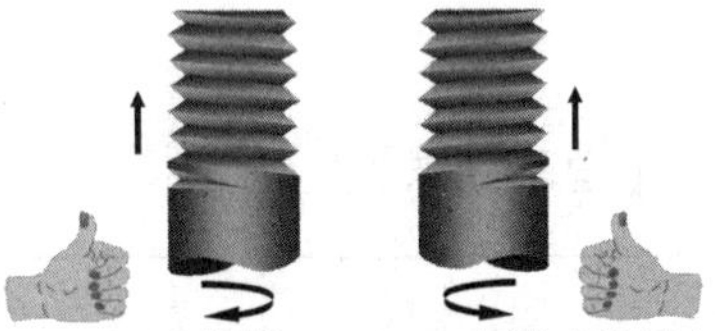

(a)左旋　(b)右旋(常用)

图 8.10　螺纹旋向

注意:只有上述各要素完全相同的内、外螺纹才能旋合在一起。

三、螺纹的表达方法

1)外螺纹的表达方法

外螺纹的表达方法如图 8.11 所示。

外螺纹剖视表达方法如图 8.12 所示。

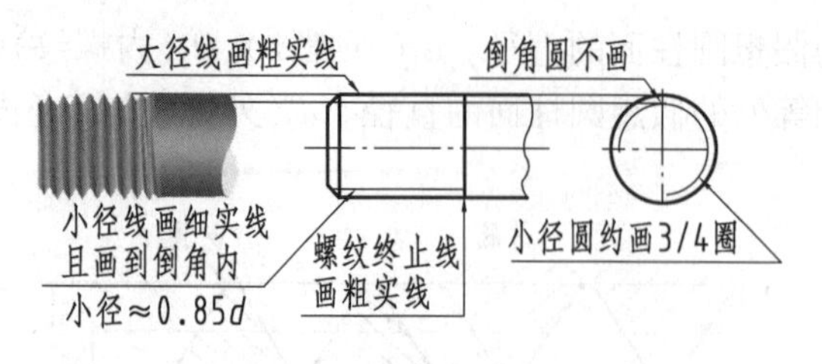

图 8.11　外螺纹的表达方法

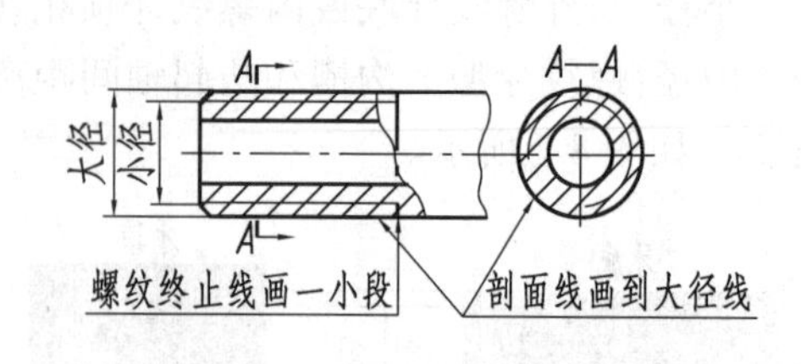

图 8.12　外螺纹剖视表达方法

2) 内螺纹的表达方法

内螺纹的表达方法如图 8.13 所示。

内螺纹剖视表达方法如图 8.14 所示。

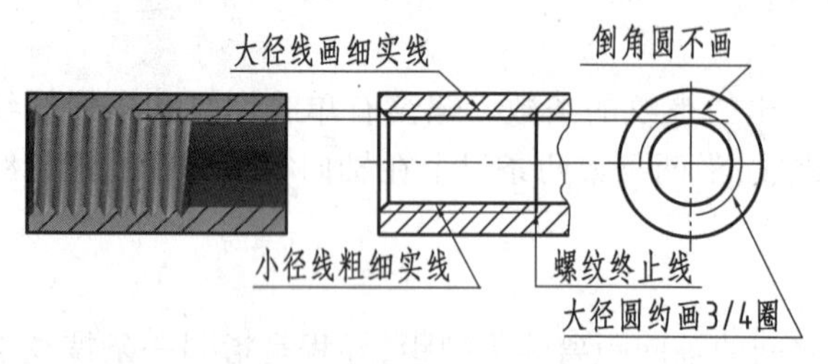

图 8.13　内螺纹的表达方法

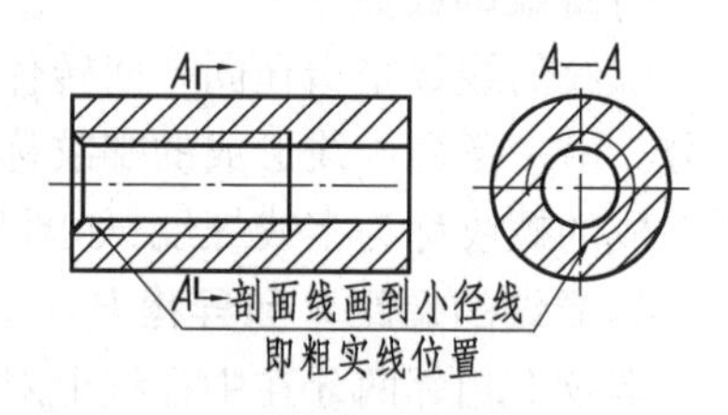

图 8.14　内螺纹剖视表达方法

3) 螺纹联接的画法

以剖视图表示内外螺纹的连接时,旋合部分应按外螺纹的画法绘制,其余部分仍按各自的画法表示,如图 8.15 所示。

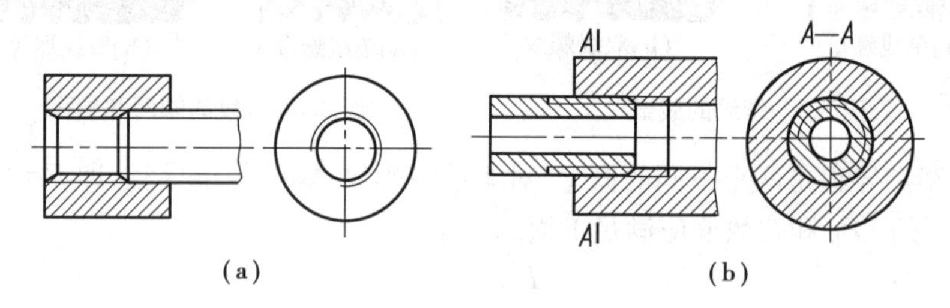

图 8.15　螺纹联接的画法

【学习日志】

能回答下述问题吗？		自我评价
1.带有螺纹的零件在生产生活中起什么作用？		
2.螺纹的基本要素有哪些？		
3.思考：液化气瓶上的减压阀的螺纹的旋向是哪种？为什么？		
4.在图样中外螺纹的牙顶圆应该用什么样的图线绘制？		
5.你能想到办法判定螺纹的线数吗？		

【练习】

请在你身边找出一个带螺纹的零件，并用学习到的知识将这个零件的螺纹部分徒手画出。

活动二　螺纹件测绘和标注

【学习要点】

1.了解螺纹的种类，懂标注方法；
2.能绘制简单螺纹零件图；
3.会用游标卡尺、螺距规测量螺纹件。

一、螺纹的种类和标注

1)螺纹的种类

常用螺纹按照用途的不同，可分为连接螺纹和传动螺纹两种。

(1)连接螺纹

连接螺纹是起连接作用的螺纹。常用的连接螺纹有4种标准螺纹，分别是：粗牙普通螺纹、细牙普通螺纹、管螺纹及锥管螺纹。管螺纹按使用的地方不同又分为：非螺纹密封的管螺纹和用螺纹密封的管螺纹，如图8.16所示。

(2)传动螺纹

传动螺纹是起传递动力和运动的螺纹。常用的传动螺纹有梯形螺纹和锯齿形螺纹，如图8.17所示。

图8.16　螺纹密封的管螺纹

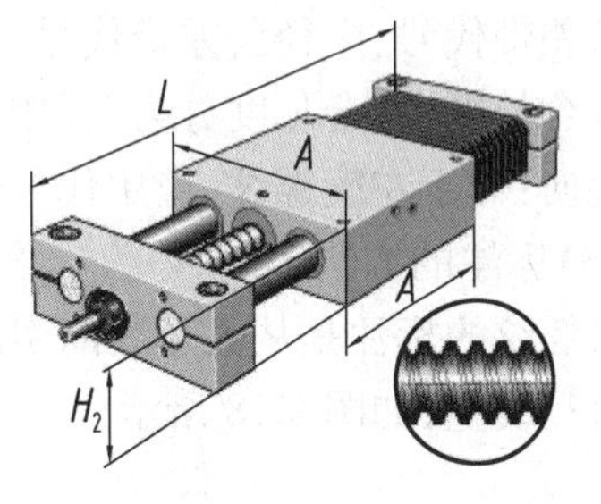

图8.17　梯形螺纹传动

2)螺纹的标注

由于螺纹的画法都是相同的，所以无法表示出螺纹的种类和要素，因此，在绘图的过程中，必须通过标记对螺纹进行明确。

(1)螺纹的标记内容和格式

特征代号 公称直径 × 导程(p螺距) 旋向 − 公差带代号 − 旋合长度

例如：

普通螺纹的特征代号：M。

尺寸代号有:

单线螺纹:公称直径×p 螺距(粗牙螺纹不标螺距)。

多线螺纹:公称直径×P_h 导程(p 螺距)。

公差带代号:中径公差带代号和顶径公差带代号,如 5g6g。若两者相同,只标注一个公差带代号,如 7H。

旋合长度:旋合长度分为 S(短)、N(中等)、L(长)3 类。旋合长度为中等时,"N"可省略。

旋向:对于左旋螺纹,应用代号 LH 表示出来;右旋螺纹不标注旋向。

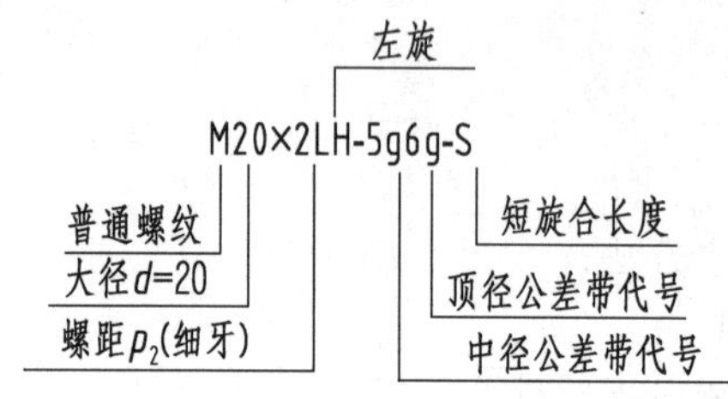

(2)梯形螺纹的标记

例如:

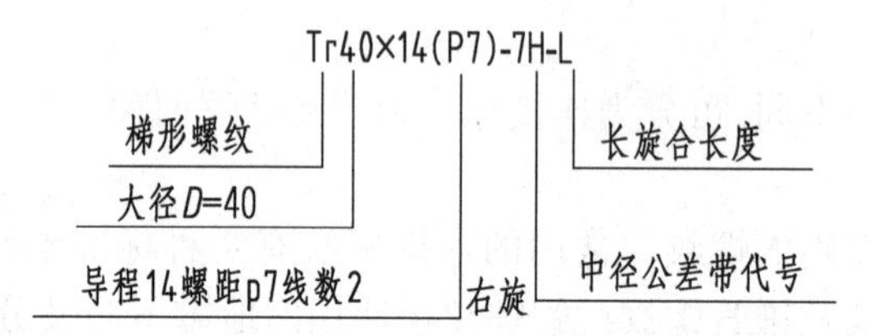

梯形螺纹的特征代号:Tr

尺寸代号有:

单线螺纹:公称直径×p 螺距。

多线螺纹:公称直径×P_h 导程(p 螺距)。

公差带代号:中径公差带代号 7H,梯形螺纹只标注中径公差带。

旋合长度:旋合长度分为 N(中等)、L(长)两种。旋合长度为中等时,"N"可省略。

旋向:对于左旋螺纹,应用代号 LH 表示出来;右旋螺纹不标注旋向。

(3)标注的方法

管螺纹的标注是从大径线的引出线上标注标记;其余螺纹的标注是直接把标记标注在大径的直径线上,如图 8.18 所示。

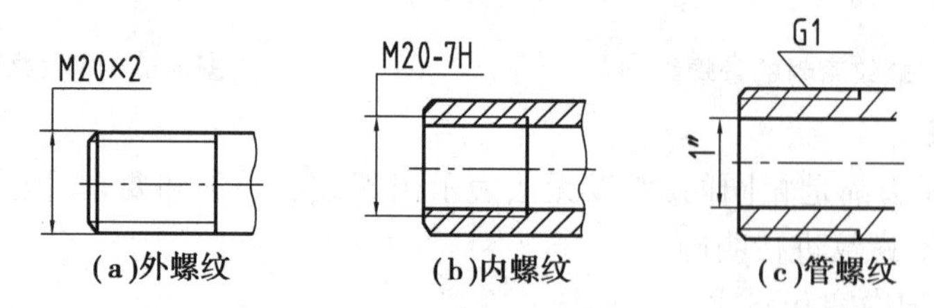

图 8.18 螺纹标注方法

注:G 右面的数字不是管螺纹的大径,而是它的尺寸代号,表示管道的公称通径参考值。

二、螺纹的测绘

1)螺纹测量

(1)确定螺纹的线数和旋向

沿一条螺旋线旋转一周,起点和终点之间没有间隔螺线的为单线螺纹,间隔每增加一条螺线,线数加 1,以此类推。螺纹旋向判别如图 8.10 所示。

(2)测量螺距

用拓印法,即将螺纹放在干净的白纸上滚压出痕迹(为了观察清楚也可在白纸上铺放复印纸),用游标卡尺量出 $n(n\geqslant5)$ 个螺距的长度 L,然后按照 $P=L/n$ 计算出螺距。若有螺纹规,可直接确定牙型和螺距,如图 8.19 所示。

(3)用游标卡尺测量大径

由于测量所得数据为螺纹实际尺寸,而螺纹作图和标注中采用的是公称尺寸,常用螺纹直接将测量得到的大径尺寸取整得到基本尺寸,作为作图和标注的数据。内螺纹的大径无法直接测量,可先测量出小径,再根据小径查阅螺纹的标准查出螺纹的大径;也可测量能与之配合的外螺纹零件的大径,得到内螺纹的大径。

(4)查阅螺纹的国家标准

根据牙型、螺距和大径在标准中确定螺纹的标记。

2)螺纹件绘制(以螺钉为例)

根据测量所得螺钉大径取整得到公称直径,按照图 8.20 螺钉各部分规格计算出数据,选定合适比例,参照图 8.20 完成螺钉零件图,参照普通螺纹的标记格式和图 8.18 螺纹标注方法作出标记。

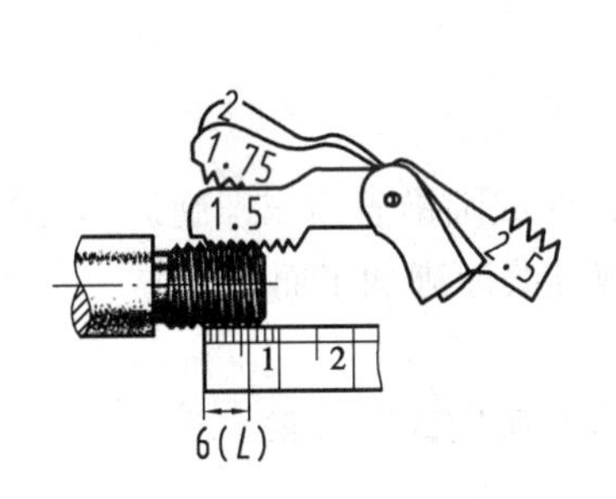

图 8.19　螺纹规

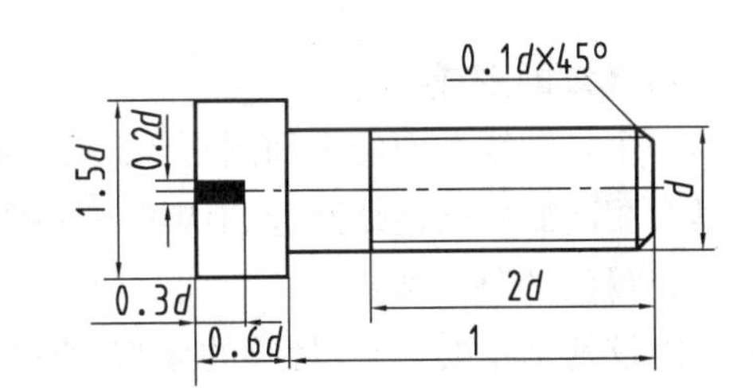

图 8.20　开槽螺钉

【学习日志】

能回答下述问题?	能回答下述问题?	自我评价
1.螺纹按用途分为哪几类?		
2.M18×1.5 的螺距为多少?		
3.用拓印法测量双线螺纹时,$L=12$,$n=6$,请问螺距是多大?		
4.G3/8 的大径是 3/8 吗?		

【练习】

选择合适的标注完成图 8.21 的图例。

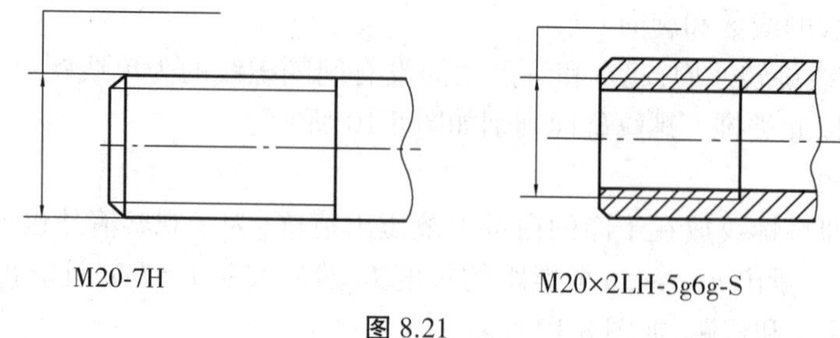

图 8.21

活动三 任务小结

【学习要点】

1.能描述螺纹基本要素，能判断螺纹的旋向和线数；
2.能画出常用螺纹件的图样，会螺纹件的标注；
3.敢于表达自己的观点，能接受批评意见，能客观评价他人；
4.通过对比找出自己的优势和不足，思考改进办法。

一、任务要点回顾

1）螺纹的形成

一个与轴线共面的平面图形（如三角形、梯形等），绕圆柱面或圆锥表面作螺旋运动，则得到具有相同截面的连续凸起和沟槽——螺纹。螺纹是根据螺旋线原理加工而成的。

2）螺纹的基本要素

螺纹的基本要素有：螺纹的牙型、直径、螺距（导程）、线数和旋向 5 个要素。

3）螺纹的线数

螺纹的线数是指在同一段回转体上所加工出的螺纹的条数。螺纹有单线螺纹和多线螺纹之分。

4）螺距和导程

螺距和导程是两个不同的概念，对于单线螺纹：螺距等于导程，即 $P=P_h$；对于多线螺纹，螺距 P、导程 P_h 和线数 n 应满足下面的关系：

$$P = P_h/n。$$

5）判定螺纹旋向的依据

将外螺纹轴线垂直放置，螺纹可见部分左边高者为左旋螺纹，右边高者为右旋螺纹。

6）螺纹的表达方法

螺纹牙顶线用粗实线表示，牙底线用细实线表示。

7) 螺纹的分类

螺纹按照用途的不同,可分为连接螺纹和传动螺纹两种。

8) 常见螺纹紧固件

常见螺纹紧固件,如图 8.22 所示。

图 8.22　常见螺纹紧固件

二、作业展示与评价

各学习小组根据本组情况,选送一份最能代表自己小组水平的图样,随图样附带一份完成自评分值的评分标准(见表 8.1),用于展示,其中的优秀作业作为样本保存。

表 8.1　评分标准

小组名称:　　　　　　　　　　绘图人姓名:　　　　　　　　　　时间:

评价项目	内容及要求	配分	自评	互评	师评
图形	螺纹表达符合规范,图形正确	25			
图线	线型正确,粗细分明,间隔合理	12			
	图线干净,线条流畅	12			
尺寸标注	螺纹标注符合标准	15			
图面整洁度	图面整洁、美观	10			
工具仪器使用	作图过程中工具、仪器能合理摆放,能规范使用绘图工具和仪器,无损坏	10			
态度	能专注作图,能及时反馈问题,能和他人交流、沟通、合作,能接受批评建议	16			
总　分		100	×30%	×30%	×40%

续表

评价项目	内容及要求	配分	自评	互评	师评
分值汇总					
点评 记录					

各学习小组对展出的其他各组作业给予评分，对分值偏差比较大的项目，评分人作出解释。每组派代表找自己作业的优点，争取加分。

三、反思

课后反思		自我评价
1.完成本学习任务我们花费了多少学时的时间，在哪些方面还可以提高效率？		
2.还有哪些螺纹件书中没有列举？能否找到实物或图片？		
3.完成本学习任务的过程中，其表现能否令自己满意？该如何改进？		

任务 9
绘制螺纹连接图

【目的要求】

1.能理解螺纹连接关系；
2.熟悉螺纹连接图样绘制规定；
3.能解释螺纹系列件的装配关系。

螺纹连接具有结构简单、连接可靠、装拆方便，而且可经多次拆装而无须更换螺纹件。因此，在各类机械连接中占很大比重，广泛应用于生产和生活中，在专业技术工作中会经常遇到螺纹连接图样，因此，必须掌握各种螺纹连接的画法。

活动一　绘制螺栓连接图

【学习要点】

1.了解螺栓连接的特点及作用；
2.熟悉螺栓连接的简化画法；
3.能互相讨论交流，敢于表达自己的观点。

一、螺栓连接的作用和特点

螺栓连接由螺栓、螺母和垫圈组成，常用于连接不太厚并钻成通孔的零件，如图 9.1 所示。

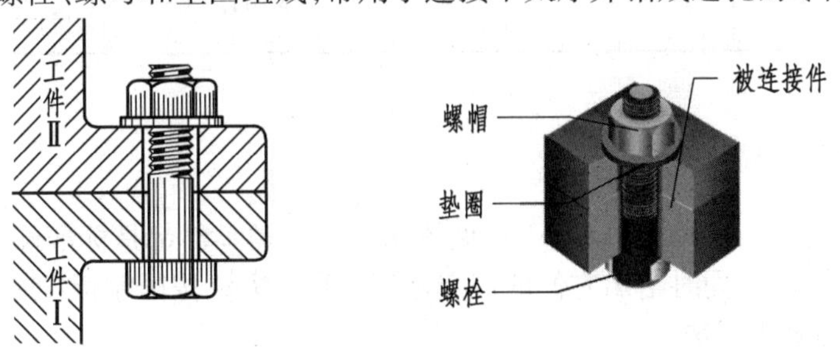

图 9.1　螺栓的作用

二、了解螺栓连接图

螺栓连接图应根据紧固件的标记，按它们相对应标准中的尺寸绘制。但是为了方便，通常按比例近似地画出，如图9.2所示。

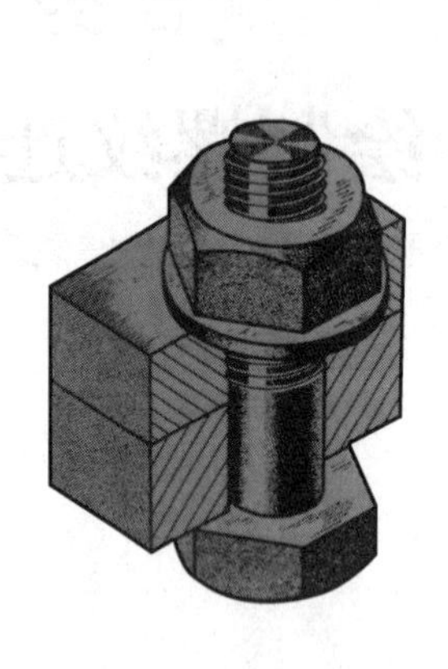

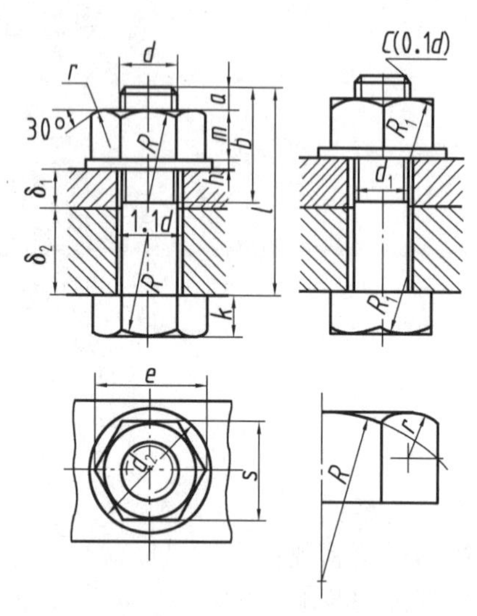

图 9.2 螺栓连接图

①被连接件的孔径＝1.1d；

②两块板的剖面线方向相反；

③螺栓、垫圈、螺母按不剖画；

④螺栓的有效长度按下式计算：$l=\delta_1+\delta_2+0.15d$（垫圈厚）$+0.8d$（螺母厚）$+0.3d$，计算后查表取标准值。

常用螺纹紧固件近似画法的比例关系见表 9.1。

表 9.1 常用螺纹紧固件近似画法的比例关系

名　称	尺寸比例	名　称	尺寸比例	名　称	尺寸比例	名　称	尺寸比例
螺栓	$b=2d$ $k=0.7d$ $R=1.5d$ $R_1=d$ $e=2d$ $d_1=0.85d$	螺栓	$c=0.1d$ s 由作图决定	螺母	$e=2d$ $R=1.5d$ $R_1=d$ $m=0.8d$ r 由作图决定 s 由作图决定	平垫圈	$h=0.15d$ $d_2=2.2d$
		螺柱	$b=2d$ $l_2=b_m+0.3d$ $l_3=b_m+0.6d$			弹簧垫圈	$s=0.25d$ $D=1.3d$
						被联接件	$D_0=1.1d$

三、螺栓连接图的简化画法

螺栓连接紧固件有：六角螺母和垫圈（见图 9.3）。这类零件都是标准件，通常只需用简化画法画出它们的装配图，同时给出它们的规定标记。标记方法按国家标准有关规定。

1）六角螺母的简化画法

3 个视图同时进行，先作出定位基准线，也就是主左视图上底面投影和俯视图的对称中心

螺母 GB/T 6170 M12
国家标准号 螺纹规格

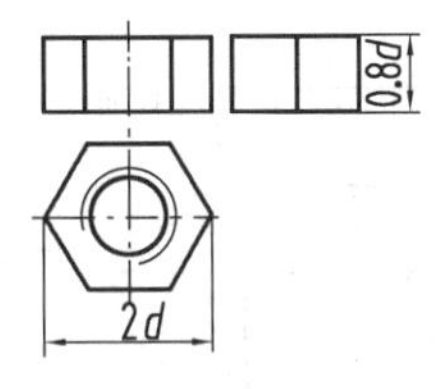

图 9.3　六角螺母的简化画法

d——螺纹公称直径

线，然后确定螺母的高度，0.8d，再以 2d 为直径在俯视图位置作圆，同时用圆规确定主视图左右两侧棱线的投影位置；之后用圆规 6 等分圆，作出俯视图的正六边形，按照投影关系完成主左视图，补画俯视图螺纹投影，完成螺母简化图样，如图 9.4 所示。

2）螺栓的简化画法

以六角头螺栓为例

螺栓 GB/T 5780 M12×80
螺栓长度

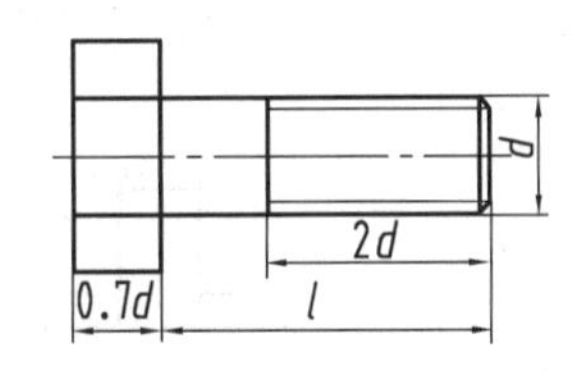

图 9.4　六角头螺栓的简化画法

d——螺纹公称直径；l——公称长度，根据设计需要取标准值

作图步骤与螺母画法相同，原则是先定位，再画图，3 个视图同时进行，减少频繁更换作图工具的次数。减少量取尺寸的次数。

3）平垫圈的简化画法（见图 9.5）

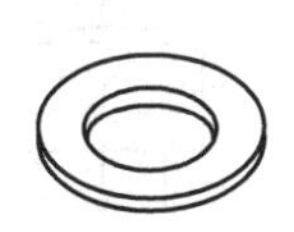

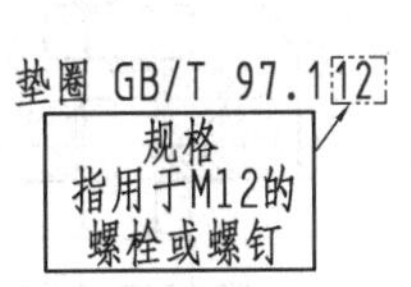

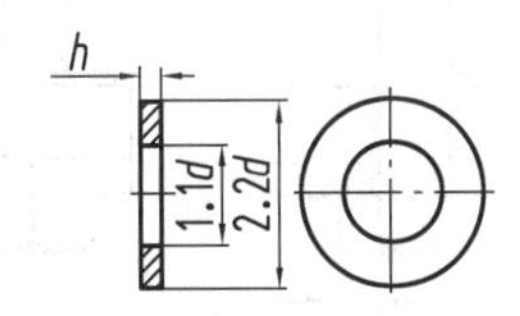

图 9.5　平垫圈的简化画法

d——螺纹公称直径；h——垫圈厚度，可查相关标准

4）螺栓连接（装配图）的简化画法

螺栓连接紧固时，零件有螺帽、垫圈、螺栓和被连接件（见图 9.6）。在绘制螺栓连接装配图时应该遵循以下规定：

①两零件的接触面只画一条线，不接触面绘制两条线。

②在剖视图中，两连接件的剖面线方向相反。同一零件在各视图中，剖面线方向一致、间隔均匀、疏密相同。

③螺栓、垫圈、螺母按不剖画。

螺栓连接装配图简化画法，如图 9.7 所示。

5）螺栓连接的作图步骤

螺栓连接的作图步骤，如图 9.8 所示。

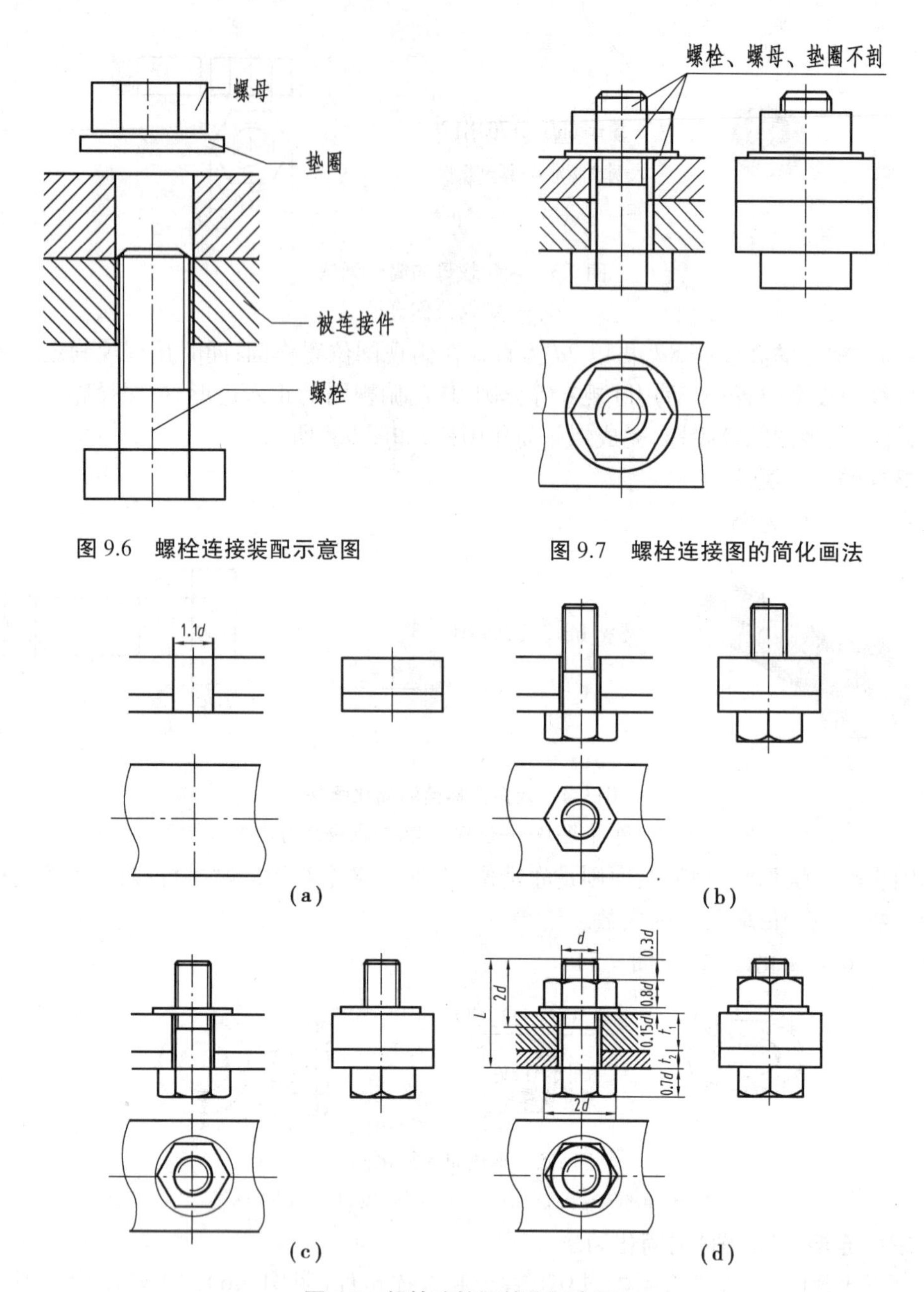

图 9.6　螺栓连接装配示意图

图 9.7　螺栓连接图的简化画法

图 9.8　螺栓连接图的作图步骤

【学习日志】

能回答下述问题吗？		自我评价
1.绘制螺栓连接图样你遇到了哪些困难？		
2.对照样图，试说明自己绘制作业与样图的差距。		
3.类似的螺栓连接零件，能否测量尺寸并绘制连接图。		

【作图练习】

两被连接件厚度分别是 10 和 8,用 M8 的螺栓连接,试根据图 9.8 的步骤绘制螺栓连接图。

活动二　绘制双头螺柱连接和螺钉连接图

【学习要点】

1.了解双头螺柱连接的特点及作用;
2.熟悉双头螺柱连接的简化画法;
3.了解螺钉连接的特点及作用;
4.熟悉螺钉连接的画法;
5.能够相互讨论交流,敢于表达自己的观点。

一、双头螺柱连接的作用及特点

双头螺柱是一种指两端均有螺纹的螺纹件,一般用于被连接件之一较厚,不适合加工成通孔的场合。如用在主体为大型设备,需安装附件,这时就用到双头螺栓,一端拧入主体,安装好附件后另一端装上螺母,由于附件是经常拆卸的,直接采用螺栓连接主体和附件时,主体螺牙长年累月会磨损或损坏,而使用双头螺栓更换会非常方便。或用于连接体厚度很大,不便于加工通孔时,会用双头螺栓连接,如图 9.9 所示。双头螺柱连接常用的紧固件有双头螺柱、螺母、垫圈。

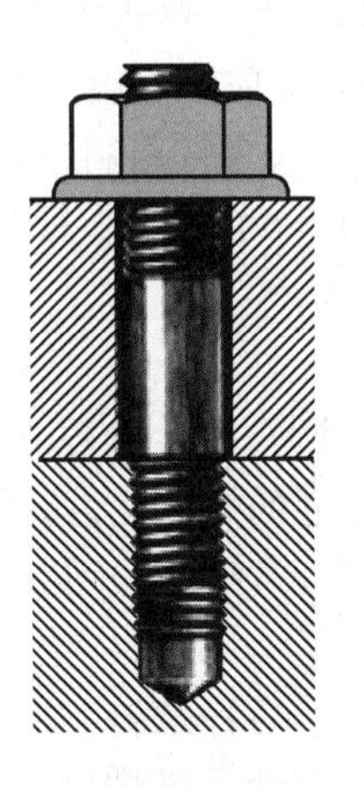

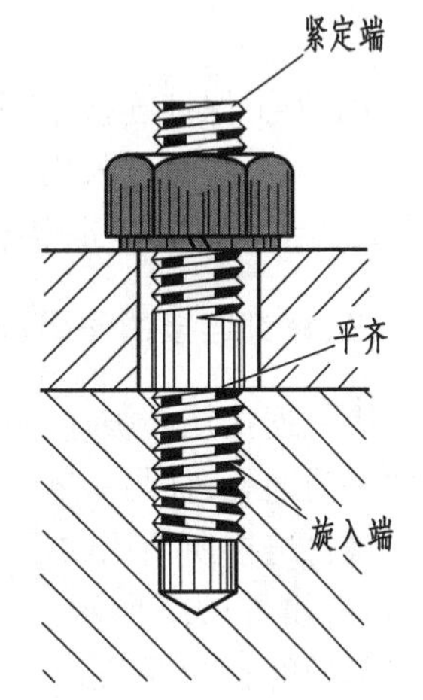

图 9.9　双头螺柱连接

二、双头螺柱连接的简化画法

双头螺栓连接和螺栓连接一样,通常都采用近似画法,其连接图的画法如图 9.10 所示。

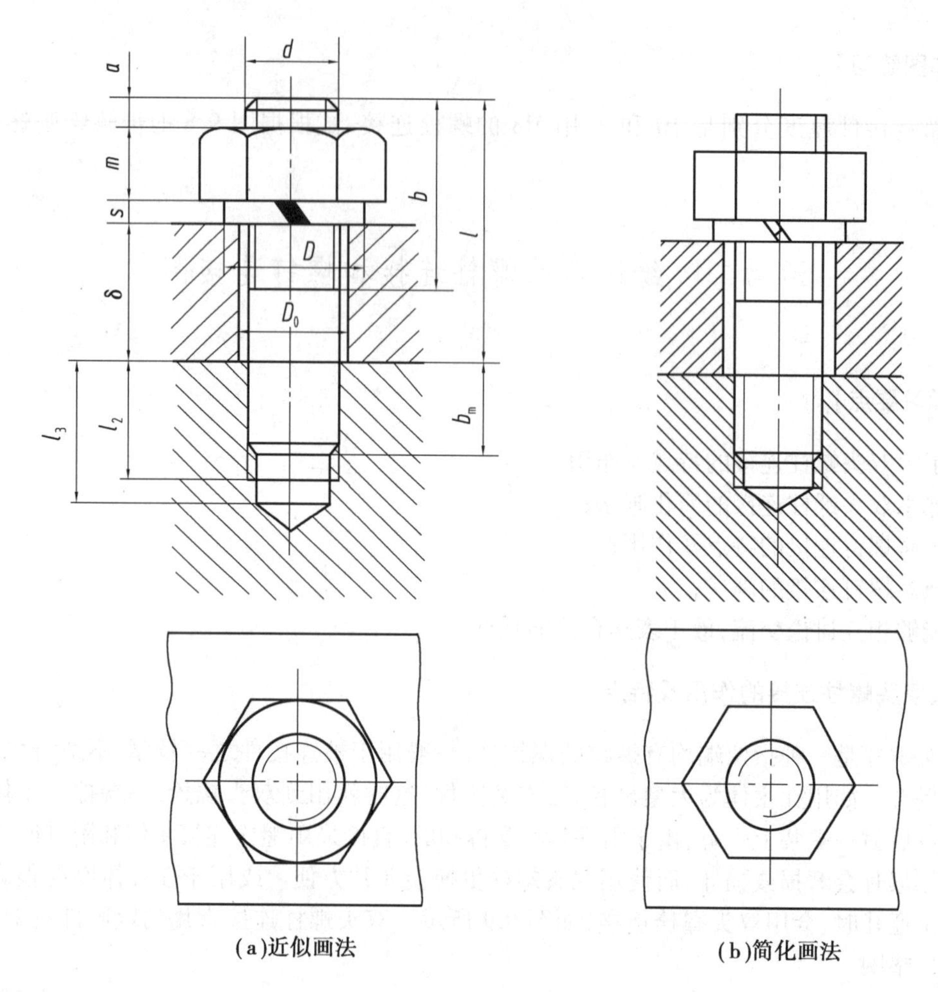

(a)近似画法

(b)简化画法

图 9.10　双头螺柱连接画法

注意:①为了保证连接牢固可靠,旋入端应全部旋入螺孔。

②旋入端螺柱长度,应根据被旋入零件材料的不同而不同,即 b_m 的值与材料有关(钢:$b_m=d$;铸铁 $b_m=1.25\ d$;铝合金 $b_m=1.5\ d$)。

三、螺钉连接的作用及特点

螺钉连接用于被连接件中一个较薄,一个较厚、受力不大且不经常拆装的场合。被连接件之一为通孔,而另一零件一般为不通的螺纹孔,如图9.11所示。

螺钉连接所使用的螺钉种类很多,常见的分别有开槽盘头螺钉、开槽圆头螺钉、开槽沉头螺钉等,如图 9.12 所示。

紧定螺钉也是机器上经常使用的一种螺钉。它常用于防止两个相配的零件产生相对运动。紧定螺钉分锥端、柱端、平端 3 种。锥端紧定螺钉靠端部锥面顶入机件上的小锥坑起定位、固定作用,如图 9.13 所示。柱端紧定螺钉利用端部小圆柱插入机件上的小孔或环槽起定位、固定作用,如图 9.14 所示。平端紧定螺钉靠其端平面与击机件的摩擦力起定位作用。

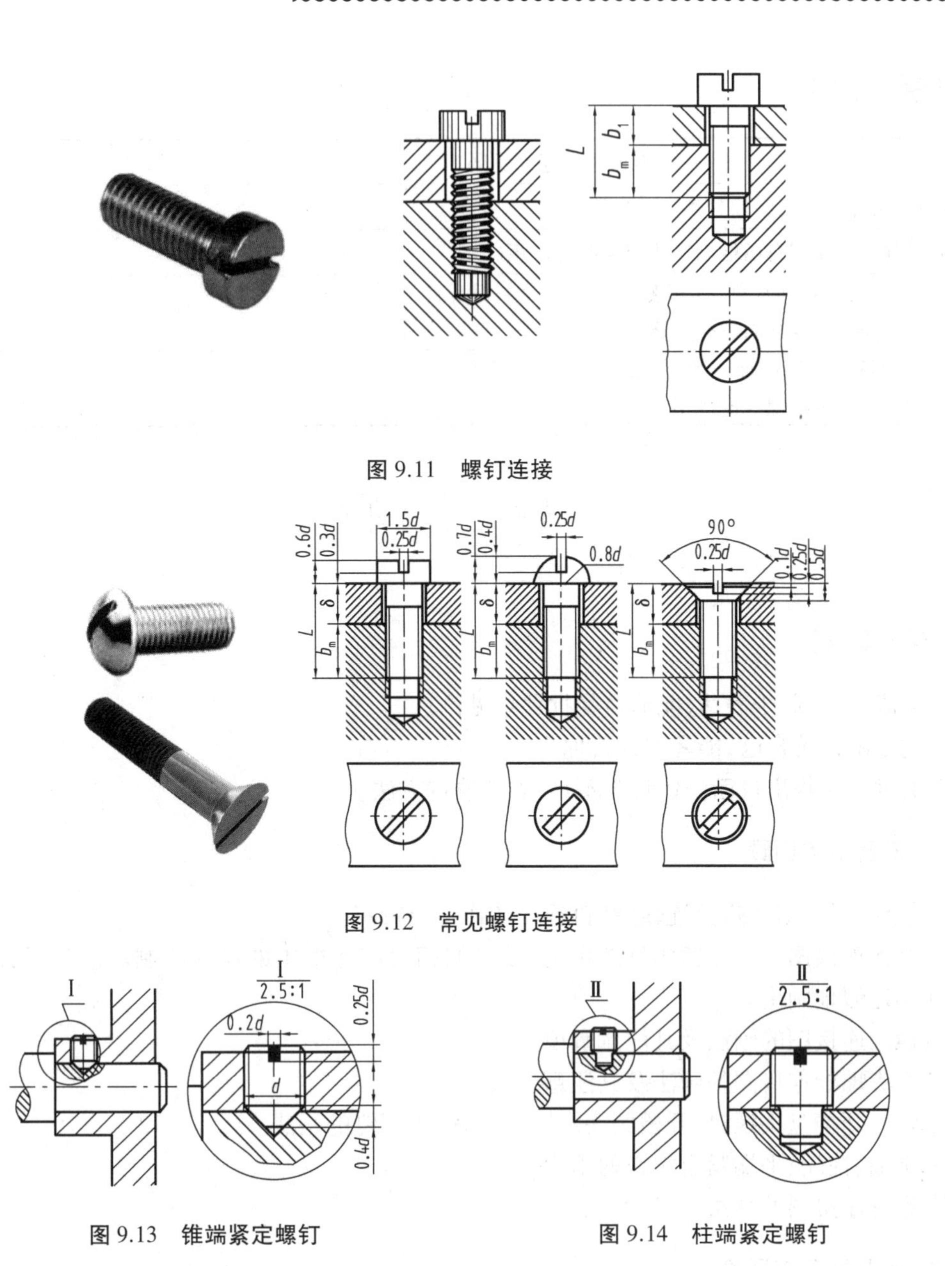

图 9.11　螺钉连接

图 9.12　常见螺钉连接

图 9.13　锥端紧定螺钉

图 9.14　柱端紧定螺钉

四、螺钉连接的简化画法

螺钉连接的画法与螺柱连接相似,区别在于螺钉头部画法不同。需要注意的是,螺钉的螺纹终止线应画在被连接件螺孔以上,确保螺钉旋入后能压紧被连接件;螺钉头部开槽用约两倍的粗实线绘制,在投影为圆的视图上槽口规定按与水平方向成 45°并向右上倾斜绘制,为了简化作图,还可将螺纹牙底线的细实线一直画到螺钉头的肩部,如图 9.11 所示。

螺钉的旋入深度也是由被连接件的材料决定的,螺钉的长度需根据螺钉的形式及连接结构来确定,并根据计算出的长度查阅相关标准,选择与其接近的标准长度。

【学习日志】

能回答下述问题吗?		自我评价
1.绘制双头螺栓连接图样分哪几个步骤?		
2.对照样图,试说明自己绘制作业与样图的差距。		
3.类似的双头螺栓连接件,能否测量尺寸并绘制其零件图。试根据图 9.10 绘制螺栓连接图。		
4.类似的螺钉连接件,能否测量尺寸并绘制其零件图。试参照图 9.12 测绘螺钉连接图。		

活动三　任务小结

【学习要点】

1.交流沟通,敢于表达,能够接受批评意见;
2.能正确评价自己,能客观评价他人;
3.通过对比找出自己的优势与不足,思考改进方法。

一、任务要点回顾

①螺栓连接、双头螺栓连接、螺钉连接的作用及特点。
②螺栓连接图应根据紧固件的标记,按它们相对应标准中的尺寸绘制。但为了方便,通常按比例近似地画出。
③螺栓连接图的画法及其注意事项。
④双头螺栓连接图的画法及其注意事项。
⑤常见开槽盘头螺钉、开槽圆头螺钉、开槽沉头螺钉的画法。
⑥锥端、柱端、平端紧定螺钉的用途。
⑦螺钉连接图的画法。

二、作业展示与评价

各学习小组根据本组情况,选送一份最能代表自己小组水平的图样,随图样附带一份完成自评分值的评分标准(见表 9.2),在教室展示,其中的优秀作业作为样本保存。

表 9.2　评分标准

小组名称:　　　　　　　　绘图人姓名:　　　　　　　　日期:

评价项目	内容及要求	配分	自评	互评	师评
布图	布图均匀合理,比例选取恰当	10			
图形	图形正确,符合规范	20			

续表

评价项目	内容及要求	配分	自评	互评	师评
图线	线型正确，粗细分明，间隔合理	10			
	图线干净，线条流畅	10			
尺寸标注	尺寸标注正确、完整、规范，箭头符合国家标准	10			
文字	文字书写符合国家标准，字体工整；汉字、数字和字母均应遵守国家标准的规定	8			
图面整洁度	图面整洁、美观	10			
工具仪器使用	作图过程中工具、仪器能合理摆放，能规范使用绘图工具和仪器，无损坏	12			
态度	能专注作图，能及时反馈问题，能和他人交流、沟通、合作，能接受批评建议	10			
总　分		100	×30%	×30%	×40%
分值汇总					
点评记录					

各学习小组对展出的其他各组作业给予评分，对分值偏差比较大的项目，评分人作出解释。每组派代表找自己作业的优点，争取加分。

三、反思

课后反思		自我评价
1.完成本学习任务我们花费了多少学时的时间，在哪些方面还可以提高效率？		
2.能否独立完成常见螺纹连接图？		
3.完成本学习任务的过程中，其表现能否令自己满意，该如何改进？		

任务 10

盘盖类零件测绘

【目的要求】

1.能理解盘盖类零件在机器中的作用；
2.熟悉图样的表达方法，能确定盘盖类零件的表达方案；
3.能正确使用测量、作图工具，能合理布图、绘制盘盖零件图；
4.能在小组学习与讨论中提升自己，提升协作能力；
5.能养成做事严谨、细心认真的习惯。

活动一　认识盘盖类零件

【学习要点】

1.了解盘盖类零件的结构特点及作用；
2.熟悉常见盘盖类零件的表达方案；
3.学习过程中相互讨论交流，要敢于表达自己的观点，接受他人的意见。

一、盘盖类零件的作用及特点

盘盖类零件多用于传递动力和扭矩，或起支撑、连接、分度、防护、轴向定位及密封等作用，常用有法兰盘、端盖、透盖、齿轮等。

盘盖类零件的主体部分多为回转体，其上有一些沿圆周分布的孔、肋、槽、齿等其他结构，其轴向尺寸比其他两个方向的尺寸要小很多。

盘盖类零件的外圆、内孔、端面和键槽等，主要在车床和插床上加工或采用铸造毛坯再经过机械加工。

二、盘盖类零件举例

常见盘盖类零件有法兰盘、端盖等，如图 10.1 所示。图 10.2 为齿轮油泵结构图。

盘盖类零件的表达方案如下：

①此类零件的加工若以车削加工为主，则一般应按加工位置将轴线水平放置来确定主视

图。否则，应按工作位置确定主视图。主视图通常采用全剖方式表达零件的内部结构，用其他视图表达外形。

②对于零件的其他局部细节，如孔、筋及轮辐等可采用局部剖视图、断面图、局部视图和局部放大图等表达。

图 10.1　法兰盘

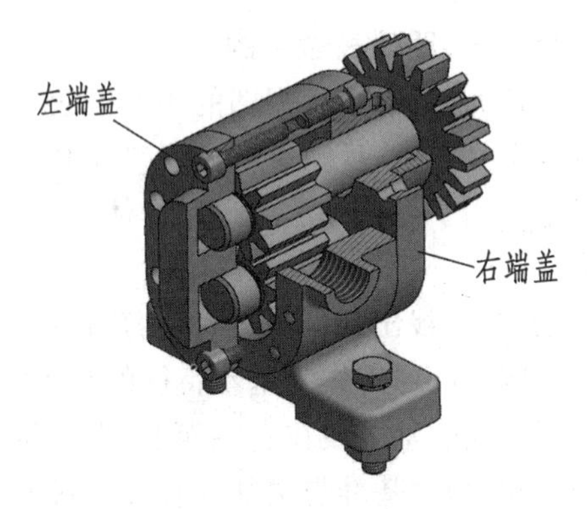

图 10.2　齿轮油泵结构图

三、了解盘盖零件图

盘盖类零件结构相对简单，通常采用两个基本视图表达，一般取非圆视图作为主视图，其轴线多按主要加工工序的外置水平放置，并采用全剖视图。对圆周上分布的肋、孔等结构不在对称平面上时，则采用简化画法或旋转剖视图。另一视图表达其外形轮廓和各组成部分，如孔、轮辐等的相对位置，如图 10.3 所示，其为常见密封盖。

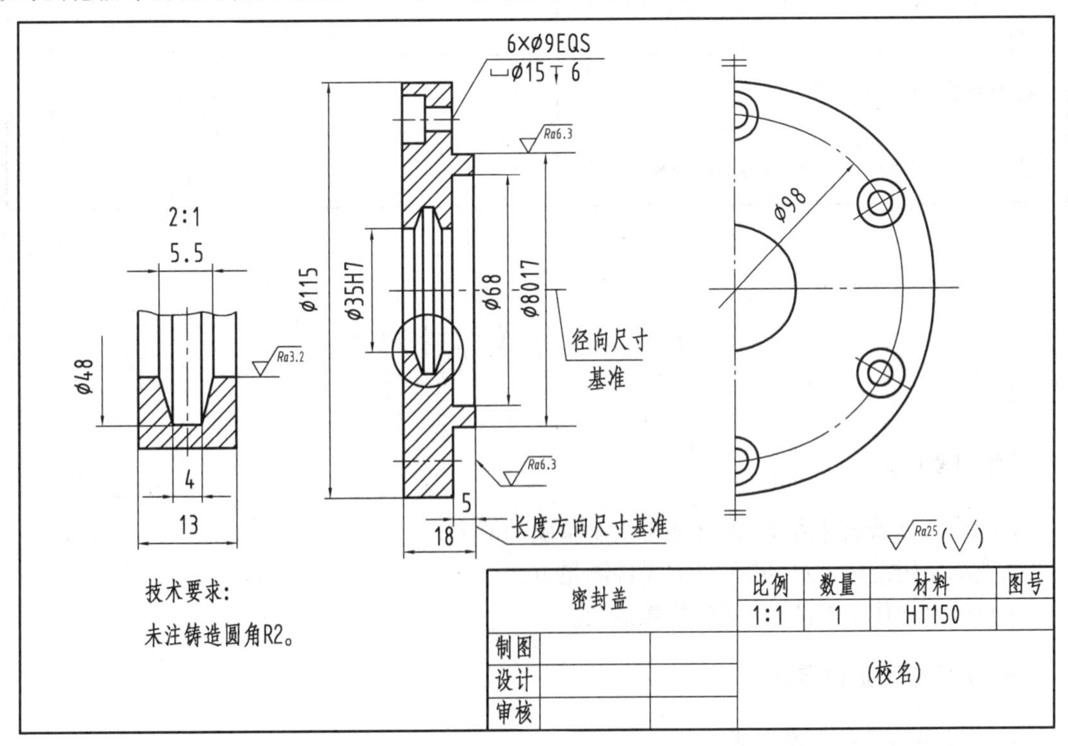

图 10.3　密封盖零件图

1)读标题栏,概括了解零件

零件的名称是密封盖,属于盘盖类零件;材料为 HT150,属于灰铸铁类,由此可以联想该零件的工艺结构可能有铸造圆角、起模斜度等;从绘图比例 1∶1 和尺寸可以想象出零件的大小。

2)分析视图,明确表达目的

分析表达方法,弄清各视图的关系及表示重点,看懂视图所表达的内容。主视图按其轴线水平放置全剖表达,反映了零件内部结构;左视图则表达了零件端面的外形轮廓和沉孔的分布情况并采用了简化画法。运用形体分析法,综合主、左视图分析形体,想象零件的整体形状与结构。

3)分析尺寸,找出尺寸基准,搞清形体间的定形定位尺寸

该零件属于以回转体为基本特征的盘盖类零件,径向基准设在中心线上;从主视图上看,零件在长度方向的基准设在右端面上;为了便于测量,有些尺寸借助于辅助基准直接标出,如密封槽的尺寸,辅助基准与主基准有尺寸联系。

4)分析技术要求

有配合关系的部位,给出了尺寸精度要求;用于定位的面和配合面,表面粗糙度要求高,R_a 值较小;零件图右上角的粗糙度值给出了对其他表面 R_a 的要求。

【学习日志】

能完成下述工作吗?		自我评价
1.常见盘盖类零件有哪些?试举 3 个以上的实例。		
2.盘盖类零件有哪些特点?		
3.若要绘制法兰盘、端盖零件图需要作哪些准备?		

活动二　轴承盖零件测绘

【学习要点】

1.能确定盘盖表达方案,训练徒手绘制草图的能力;

2.熟练使用游标卡尺,熟悉盘盖零件测量方法;

3.巩固尺规作图技能,能完成盘盖测绘。

一、分析被测盘盖零件

1)盘盖类零件的技术要求

有配合要求或用于轴向定位的面,其表面粗糙度和尺寸精度要求较高,端面和轴心线之间常有形位公差要求。

盘类零件往往对支承用端面有较高平面度及轴向尺寸精度和两端面平行度要求；对连接作用中的内孔等有与平面的垂直度要求，外圆、内孔间的同轴度要求等。

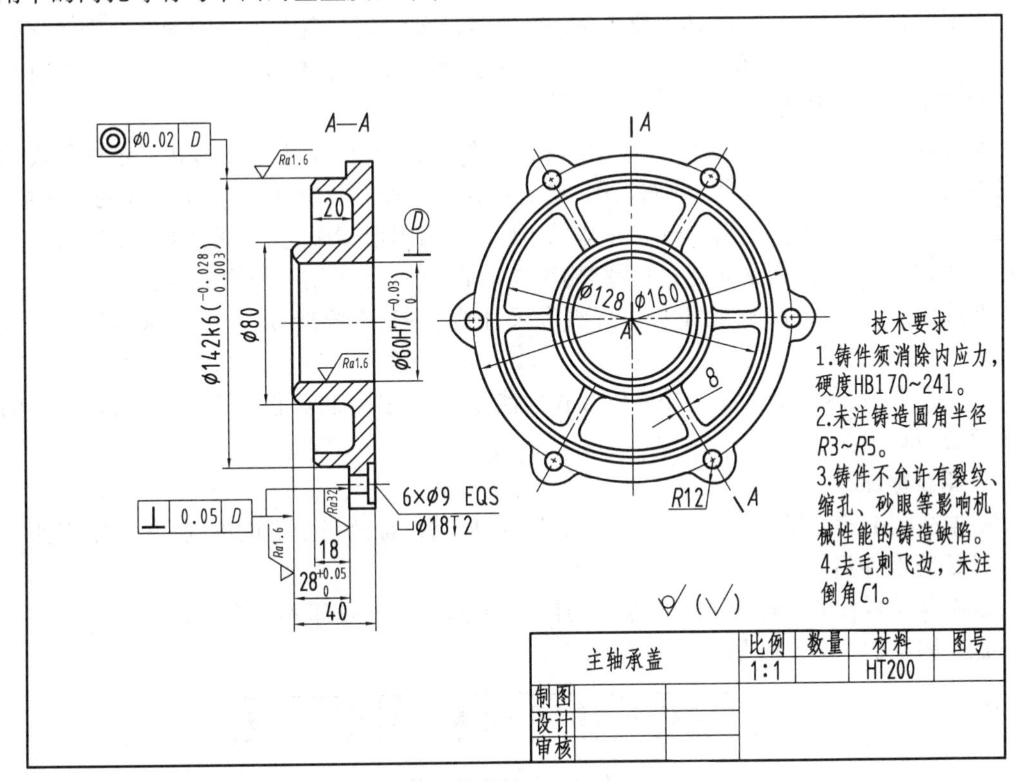

图 10.4　主轴承盖零件图

2) 主轴承盖分析

下面以图 10.4 主轴承盖零件图为例，从图中可以看出其采用了主视图和左视图表达其结构。其中，主视图为旋转剖切的全剖视图，主要表达零件的内部结构和各表面的轴向相对位置。

左视图主要表达零件的外形轮廓、主体上凸缘、沉孔、肋条的分布情况。此外，主视图还采用重合断面图表达肋条的结构。

从主视图可以看出，主体由多个同轴的内孔和外圆组成。从左视图可以看出，在主体上沿圆周方向均匀分布有圆弧状凸缘、肋条、沉孔，由此可以想象出主轴承盖的结构形状。主轴承盖立体图如图 10.5 所示。

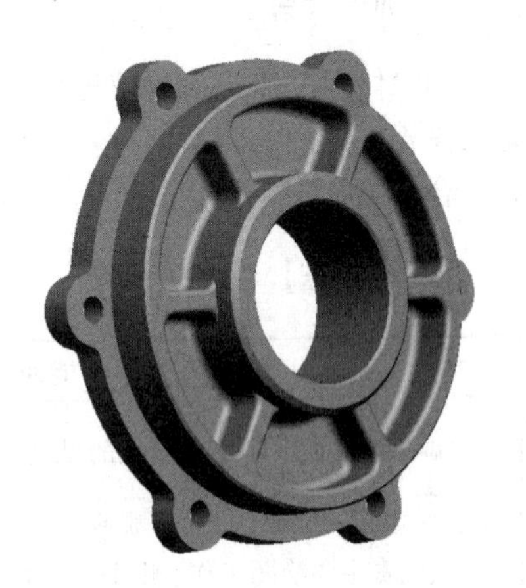

图 10.5　主轴承盖立体图

二、测绘方法和步骤

1) 准备工作

检查、清理盘盖，准备好绘图工具、仪器以及绘图用品等，注意盘盖零件一般结构相对简单,径向尺寸较大,轴向尺寸较小。测量工具主要用到钢直尺、游标卡尺、深度尺和半径规,注意游标卡尺的量程要大于盘盖最大尺寸。

2)确定方案,绘制草图

①根据盘盖结构分析,图样上要表达清楚其各部分结构。盘盖主视图确定原则是根据工作位置原则确定。零件图的表达方案并不唯一,此处给出一个参考方案,测绘过程中可根据自己的理解进行方案优化。

参考方案:一般采用主视图、左视图(或右视图)两个视图来表达其形状。主视图表达机件沿轴向的结构特点;左视图(或右视图)则表达径向的外形轮廓和盘、盖上的孔的分布情况,表达其内部结构时,视图上会出现很多虚线,既会影响图形清晰,又不便于标注尺寸;为了解决这些问题,可采用剖视来表达;对于结构较复杂的零件,还需用多视图来表达。

②选定尺寸标注基准,画出尺寸界线和尺寸线,注意不要遗漏尺寸,要求标注尺寸规范合理。

③注意事项:盘盖上的制造缺陷以及长期使用造成的磨损、碰伤等不应画出;盘盖上的铸造圆角必须画出。

3)测量标注

根据视图上所列尺寸一一对应进行测量,要细心,保证测量数据的准确和标注的完整。

4)绘制零件图

绘制盘盖零件图的过程方法和步骤与前面的草图相同,这里不再赘述。

盘盖测绘的基本流程如图 10.6 所示。

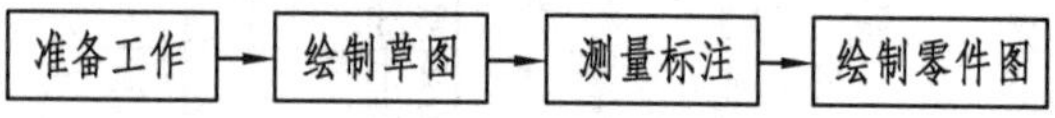

准备工作 → 绘制草图 → 测量标注 → 绘制零件图

图 10.6 测绘流程图

三、训练任务

测绘任务以小组为单位进行,本次测绘活动以主轴承盖为例分析,要求各组能举一反三,完成盘盖零件图的测绘任务,每组必须完成一幅零件图,测绘过程中,各小组按本组情况进行分工合作。

【学习日志】

能回答下述问题吗?		自我评价
1.盘盖测绘过程中你认为最大的难度是什么?		
2.在小组测绘过程中你做了哪些工作?负责分配任务、负责主要绘图工作、测量标注工作、其他辅助工作、观摩。		
3.对本小组完成的两幅图样给予怎样的评价?		

活动三　任务小结

【学习要点】

1.进一步了解盘盖类零件，认识常见盘盖类零件；
2.敢于表达自己的见解，能接受批评意见；
3.能正确评价自己，能客观评价他人。

一、任务要点回顾

1）盘盖类零件的特征

盘盖类零件属于机器或部件中的常用零件，其特点是有较大的直径，多孔、形状复杂，加工部位多，其中，盘盖类零件端面的安装精度直接影响机器设备的配合，因此，盘盖零件端面是其加工精度要求最高的部位。

盘盖类零件的毛坯一般采用铸造获得，常见的有 HT200～400，某些要求较高的盘盖也采用铸钢材料，有些负荷较小，要求减轻总重时也用铸铝材料，单件小批量生产也有采用钢板直接加工成型的。

2）还有哪些常见盘盖零件

符合其特征的零件都可划分为盘类零件或盖类零件，如法兰盘、卡盘、各类端盖等，如图 10.7 所示。

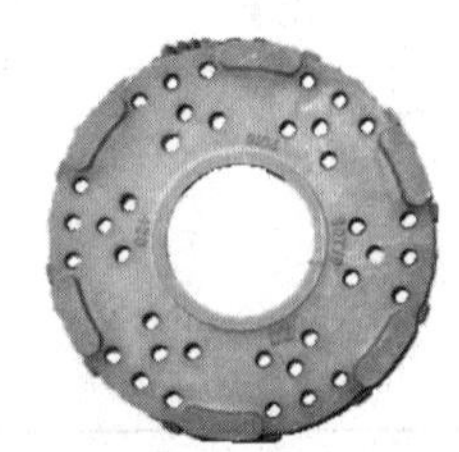

图 10.7　常见盘盖类零件

3）盘盖类零件测绘的重点

盘盖类零件的配合面孔的定位尺寸精度要求较高，首先在测绘时应非常注意，其次孔端的其他相关配合尺寸测量时也要注意精度的把握，还有就是注意不要漏掉一些小尺寸。在绘图时主视图的把握一定要准确，在分析完盘盖的整体后再选择适当的视图表达作为主视图。

二、作业展示与评价

各学习小组根据本组情况，选送一份最能代表自己小组水平的图样，随图样附带一份完成自评分值的评分标准（见表 10.1），在教室展示，其中的优秀作业作为样本保存。

表 10.1 评分标准

小组名称： 绘图人姓名： 日期：

评价项目	内容及要求	配分	自评	互评	师评
图幅图框	图纸幅面尺寸符合标准规定，图框规格符合标准规定	2			
表达方案	方案简洁合理，表达清晰	10			
图形	图形正确	20			
图线	线型正确，粗细分明，间隔合理	10			
	图线干净，线条流畅	10			
尺寸标注	尺寸标注正确、完整、清晰、合理	10			
文字	文字书写符合国家标准，字体工整；汉字、数字和字母均应遵守国家标准的规定	5			
图面整洁度	图面整洁、美观	8			
标题栏	标题栏及文字书写符合国家标准，内容填写准确	4			
工量具仪器使用	作图过程中工具、仪器能合理摆放，能规范使用绘图工具和仪器，无损坏	8			
态度	能专注作图，能及时反馈问题，能和他人交流、沟通、合作，能接受批评建议	10			
总分		100	×30%	×30%	×40%
分值汇总					
点评记录					

各学习小组对展出的其他各组作业给予评分，对分值偏差比较大的项目，评分人作出解释。每组派代表找自己作业的优点，争取加分。

三、反思

课后反思		自我评价
1.完成本学习任务我们花费了多少学时的时间，在哪些方面还可以提高效率？		
2.还有哪些方面的知识需要回顾温习；还有哪些方面的技能需要多加练习？		
3.完成本学习任务的过程中，其表现能否令自己满意？该如何改进？		

任务 11
箱体类零件测绘

【目的要求】

1.能理解箱体零件在装配体中的作用；
2.熟悉图样的表达方法，能确定箱体类零件的表达方案；
3.能正确使用测量、作图工具，能合理布图、绘制箱体零件图；
4.能与人合作，能表达自己的观点，能听取他人的意见；
5.养成严谨细致的工作态度，培养一定的审美能力。

活动一　认识箱体类零件

【学习要点】

1.了解箱体类零件的结构特点及作用；
2.熟悉常见箱体类零件的表达方案；
3.学习过程中相互讨论交流，要敢于表达自己的观点。

一、箱体类零件的作用及特点

箱体类零件一般作为机器或部件的外壳或座体，箱体类零件用来支撑、包容、保护运动零件和其他零件，对于封闭性部件，箱体还起密封作用。如图 11.1 所示为减速机箱体立体图。

箱体类零件通常作为箱体部件装配时的基准零件。它将一些轴、套、轴承和齿轮等零件装配起来，使其保持正确的相互位置关系，以传递转矩或改变转速来完成规定的运动。因此，箱体类零件的加工质量对机器的工作精度、使用性能和寿命都有直接的影响。

箱体零件结构相对复杂，通常有较大的空腔，壁薄且不均匀，箱壁上分布有可供安装轴承的轴承座孔，往往还附带有凸台、凹坑、加强筋、油沟、安装孔、定位孔等结构，毛坯多为铸造件，因此，此类零件上还有一些铸造圆角、起模斜度。箱体切削加工中往往要经过铣削、镗孔等多道工序，需要多次装夹，变换加工位置。

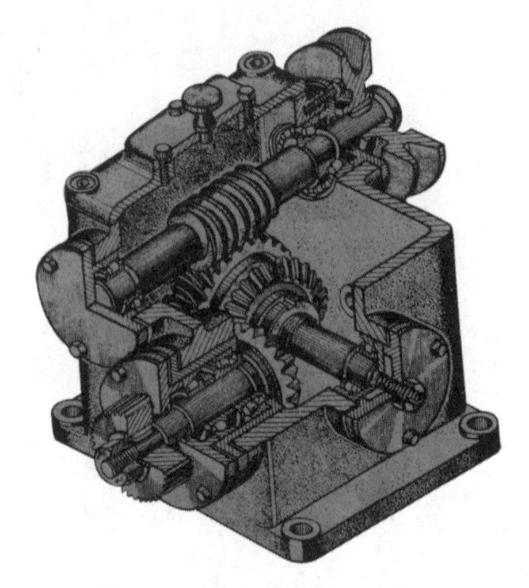

图 11.1 减速机箱体工作原理

二、了解箱体零件图

箱体类零件结构相对复杂，表达箱体类零件，一般需要 3 个以上的视图，采用剖视表达内部结构，根据表达需要，可以补充局部视图、斜视图、局部放大图、断面图等。如图 11.2 所示，由于铸造圆角较多，图样上会出现一些过渡线。

①读标题栏内容，了解零件名称、材料、绘图比例，初步认识箱体零件。

②统览全图，箱体零件图分别采用了主、俯、左 3 个基本视图和 *C* 向局部视图、*B—B* 和 *D—D* 两处局部剖视图，主视图采用了两平行剖切面全剖视图表达内部结构，即图中的 *A—A* 图。在另外面的两个基本视图上分别采用了局部剖视表达箱体内部结构。

对照图上标注的视图名称，找到投影方向指示，剖视图找到对应的剖切符号。

图中 *A—A* 剖视图，其剖切符号在俯视图上，用两个平行剖切平面剖切形成的阶梯剖视图；*B—B* 为局部剖视图，其剖切符号在主视图上；*C* 为局部视图，其投影指示符号在主视图上，主要表达 $\phi48\text{H7}(^{+0.025}_{\ 0})$ 和 $\phi35\text{K7}(^{+0.007}_{-0.018})$ 两个轴承孔的形状及相对位置关系。

局部视图：*D—D* 为局部剖视图，其剖切符号在左视图上，主要是表达 M16×1.5 和 M8×1 两个螺纹孔的细节。

③对照立体图按照投影关系分析图形，想象零件的空间形状。建立零件的空间形象时注意，先要将复杂问题简单化，也就是将复杂的箱体零件简化成简单的立方体，从图形入手，不要过多关注尺寸、形位公差以及相关符号等，先看基本视图，分析主要结构，忽略次要结构，想象出主体形状，再逐渐丰富细节。

图 11.2 中箱体零件的主体结构为立方体，先忽略箱体上的凸台、孔、槽等结构，从主、俯、左 3 个基本视图入手，想象出箱体的主体部分为中空的立方体，在这个立方体上再增加凸台、轴承孔、安装孔等局部结构。

④分析零件图尺寸标注方案。零件各部位定位尺寸是否准确，直接影响装配和安装质量。箱体零件通常以主要安装表面、主要孔的轴线、重要的端面或对称中心面作为基准，所有定位尺寸都与基准直接或间接关联。

A.尺寸基准。

箱体类零件尺寸标注一般要选取长、宽、高三个基准，长度方向选择的基准是零件左侧面，也就是 $\phi48\text{H7}(^{+0.025}_{\ 0})$ 轴承孔的外端面，长度方向的尺寸直接或间接与此基准联系；宽度方向选择对称中心面作为基准，宽度方向尺寸都与此基准直接或间接联系；高度方向选择地面作为基准，此基准同时也是箱体加工的工艺基准。

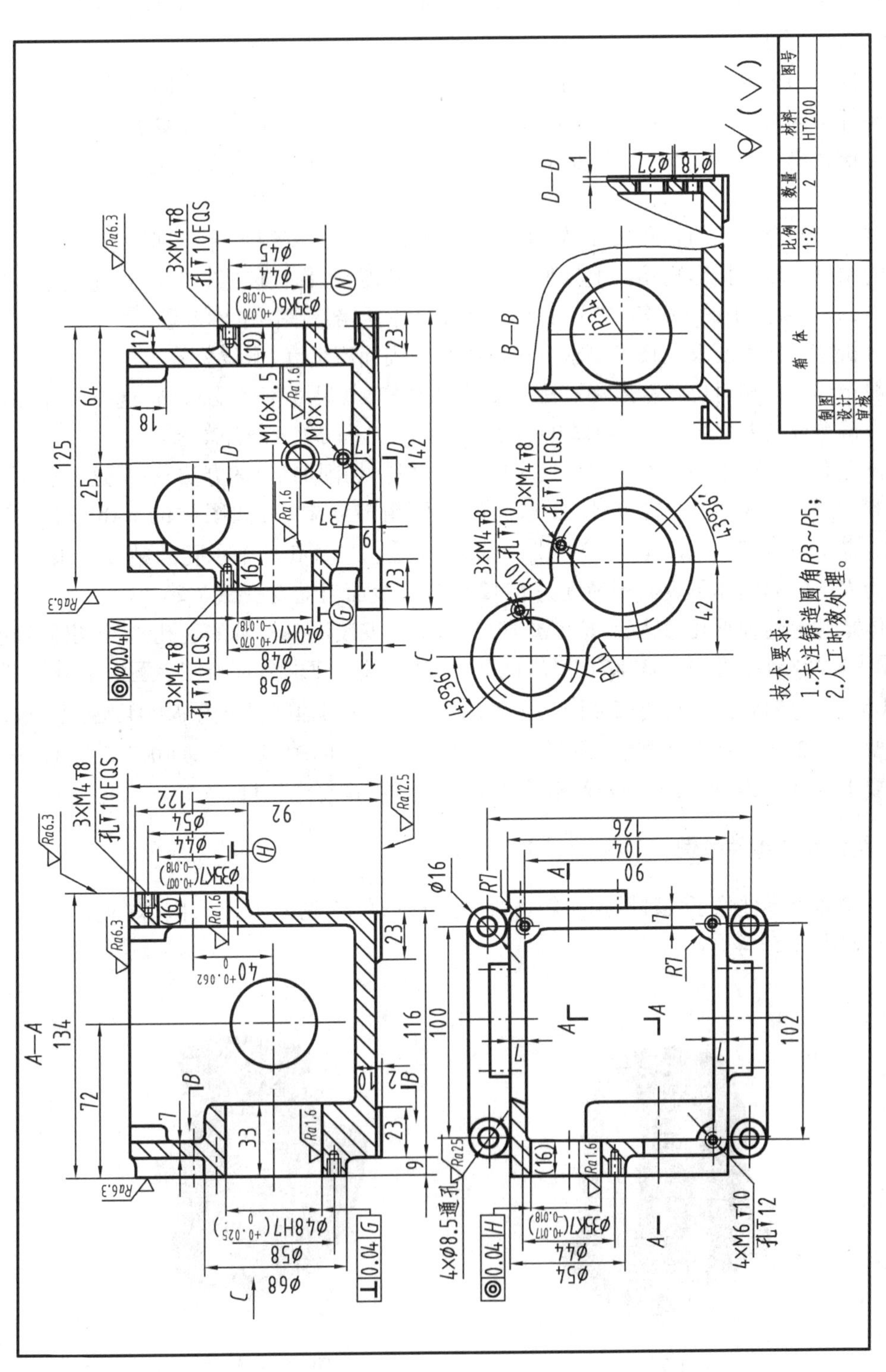
A—A
B—B
D—D
技术要求：
1.未注铸造圆角R3~R5；
2.人工时效处理。
箱体
比例 1:2
数量 2
材料 HT200
图号
制图
设计
审核

图11.2　箱体零件图

B.尺寸标注正确、完整、清晰、合理，重要尺寸直接注出。

零件图是零件加工、检测的技术依据，因此，图样上的尺寸标注要注意的基本原则就是正确、完整、清晰、合理。

尺寸标注相关数据正确无误，并且要符合国标规定；所有尺寸直接或间接给出，尺寸必须能确定零件结构大小，不重复，不遗漏；尺寸分布整齐、清晰、美观、合理，便于读图；尺寸标注既要满足设计要求，又要符合工艺要求，便于加工、检测。注意尺寸标注不能形成封闭的尺寸链。

箱体上有配合关系的轴孔尺寸、轴孔间的相对位置尺寸、安装尺寸等都属于重要尺寸，这些尺寸的精确程度直接影响箱体上其他零件的安装精度、工作性能等，因此，这些尺寸一定要直接标出，如主视图中的72、$40^{+0.062}_{0}$，左视图中25，C向局部视图中的42等。

⑤分析零件技术要求。技术要求分极限配合与表面粗糙度、形位公差。

一般箱体上有相对位置精度和有配合要求的结构，其尺寸精度要求高，这类尺寸往往要注写极限偏差或公差代号，如图11.2中的$\phi48H7(^{+0.025}_{0})$和$\phi35K7(^{+0.007}_{-0.018})$等。

箱体上有配合要求的表面一般采用去除表面材料（切削加工）的办法获得，这些表面会有表面粗糙度要求，原则上配合精度要求高的表面粗糙度要小，如图中的$\phi48H7(^{+0.025}_{0})$和$\phi35K7(^{+0.007}_{-0.018})$、$\phi35K7(^{+0.017}_{-0.018})$、$\phi40K7(^{+0.070}_{-0.018})$、$\phi35K6(^{+0.070}_{-0.018})$，共5处轴承孔的精度要求高，表面粗糙度为$R_a1.6$，而箱体下表面粗糙度为$R_a12.5$，锪孔表面粗糙度只要$R_a25$。

箱体零件上的轴承孔，其安装精度要求最高，对于安装同一根轴的通孔，要给出同轴度要求；如图中$\phi35K7(^{+0.007}_{-0.018})$和$\phi35K7(^{+0.017}_{-0.018})$两处孔，其同轴度要求为$\phi0.04$，[◎|φ0.04|H]；$\phi40K7(^{+0.070}_{-0.018})$和$\phi35K6(^{+0.070}_{-0.018})$两处孔也是要安装同一根轴的轴承孔，其同轴度要求为$\phi0.04$，[◎|φ0.04|N]；输出轴轴线与蜗轮轴轴线有垂直度要求，即图中孔$\phi48H7(^{+0.025}_{0})$的轴线与孔$\phi40K7(^{+0.070}_{-0.018})$的轴线，垂直度要求为0.04，[⊥|0.04|G]，形位公差相关知识见《公差与配合》教材。

三、箱体壳体零件举例

常见箱体类零件除了各种减速机箱体外，还有铣泵体（见图11.3）、阀体（见图11.4）、刀轴座体（见图11.5）等。

图11.3　泵体

图11.4　阀体

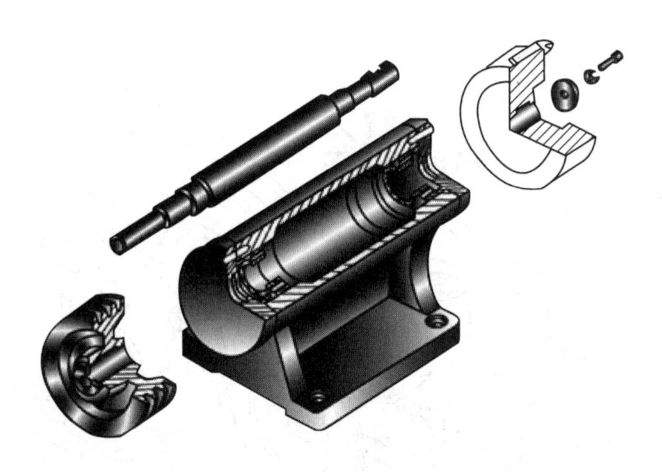

图 11.5　刀轴座体

上述符合箱体壳体类特点的零件都可以归于箱体类零件。

【学习日志】

能回答下述问题吗?		自我评价
1.常见箱体类零件有哪些?试举 3 个以上的实例。		
2.箱体类零件有哪些特点?		
3.若要绘制箱体、壳体零件图需要做哪些准备?		

分组准备测绘用品(量具、绘图工具及用品等)。

活动二　箱体零件测绘

【学习要点】

1.能确定箱体表达方案,练习徒手绘制草图的能力;
2.熟练使用游标卡尺,熟悉箱体测量方法;
3.巩固尺规作图技能,能完成箱体测绘。

一、分析被测箱体零件

1)箱体工作原理

图 11.6 所示为一级圆柱齿轮减速机,输入轴为高速轴,高转速、低扭矩,带小齿轮;输出轴为低速轴,低转速、大扭矩,轴上安装大齿轮,减速工作是由一对齿轮完成,相关知识见机械基础。该减速机箱体分为箱座和箱盖两部分,装配完成后箱座、箱盖用螺栓连接,起包容、支撑和密封相关零件的作用,如图 11.6 所示。

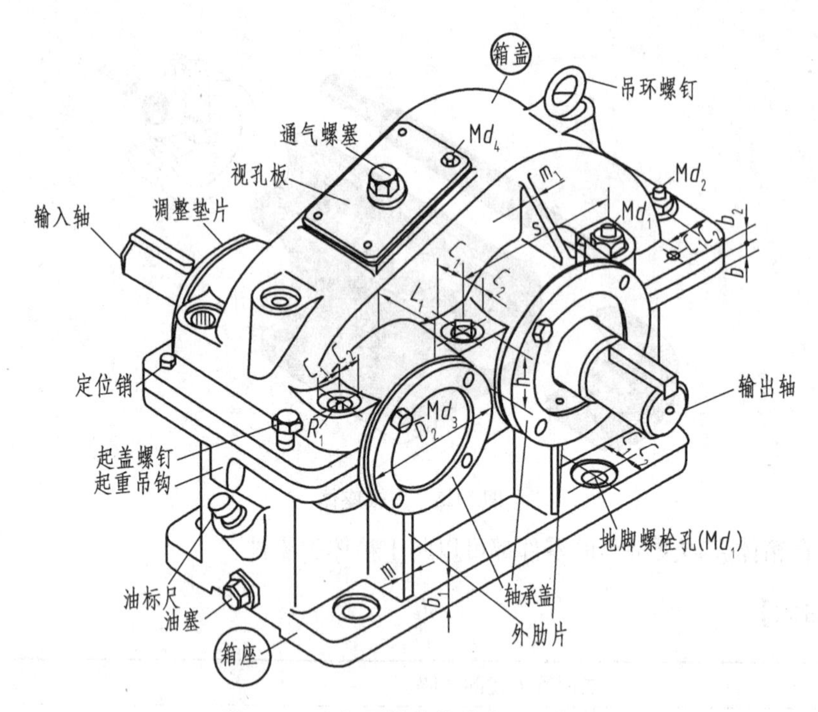

图 11.6　一级圆柱齿轮减速机立体图

2）箱座结构分析

减速机箱体为铸造件，分箱座和箱盖两部分，也称为上箱体和下箱体。以箱座为例分析其结构。箱座内需要容纳一对啮合的齿轮，要有足够的空腔，两对轴承孔，加工轴承孔时将箱盖与箱座成对装配后进行镗孔加工，以便保证孔的精度。箱座上与内部空腔连通的有观察润滑油液面的油尺孔，更换润滑油的油孔；箱座外部结构包括螺栓安装孔及凸台、定位销孔、起重吊钩、支撑肋板以及安装轴承盖的螺钉孔等。图样上这些结构均需表达清楚，箱体立体图如图 11.7 所示。

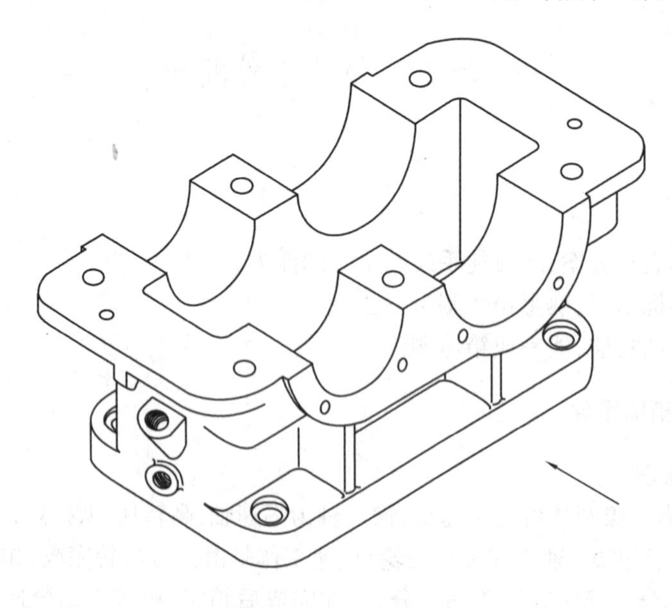

图 11.7　箱座立体图

二、认识箱体测绘工具和量具

箱体测量需要用到游标卡尺、钢直尺、深度尺、内外卡钳、角度尺、半径规等，此处只详细介绍了内外卡钳、万用角度尺、半径规的用法。

1) 内外卡钳

内外卡钳是测量长度的工具。内卡钳用于测量圆柱孔的内径、槽宽、内腔尺寸等。外卡钳用于测量圆柱体的外径或物体的长度等。内外卡钳分别如图 11.8 和图 11.9 所示。图 11.10为用卡钳测量壁厚。

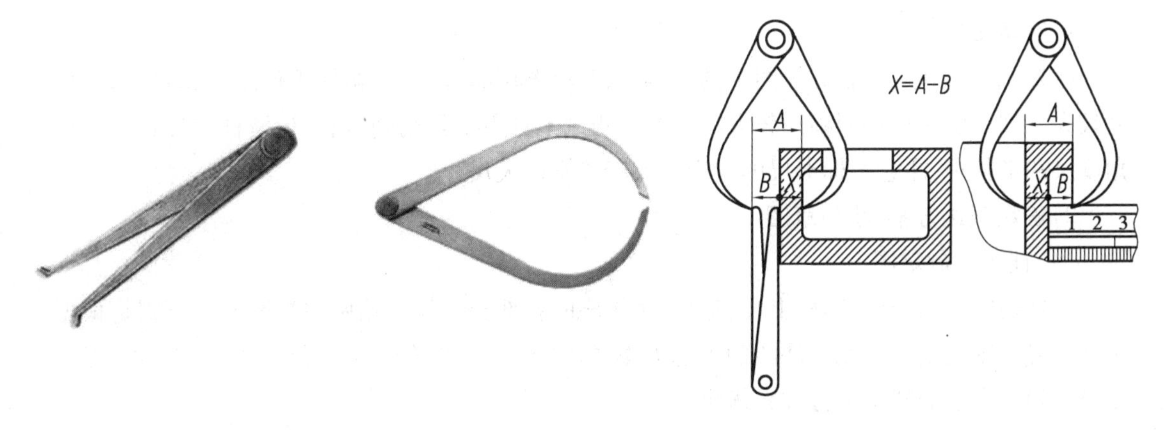

图 11.8　内卡钳　　图 11.9　外卡钳　　图 11.10　用卡钳测量壁厚

2) 万用量角器

万能量角器又称为角度规、游标角度尺和万能角度尺，它是利用游标读数原理来直接测量工件角或进行划线的一种角度量具，如图 11.11 所示。适用于机械加工中的内、外角度测量，其读数机构是根据游标原理制成的。主尺刻线每格为 1°。游标的刻线是取主尺的 29°等分为 30 格，因此，游标刻线角格为 29°/30，即主尺与游标一格的差值，也就是说，万能角度尺读数准确度为 2′，其读数方法与游标卡尺相同。测量时应先校准零位，通过改变基尺、角尺、直尺的相互位置可测试 0~320°范围内的任意角，具体用法见实物。

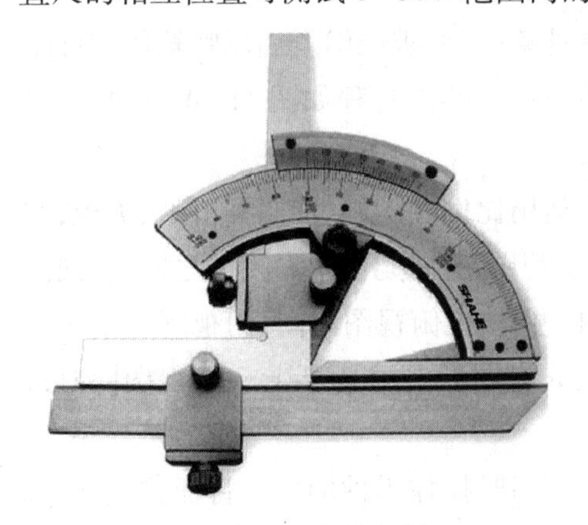

图 11.11　万用量角器

图 11.12　半径规

3）半径规

半径规也称为 R 规、R 样板，是利用光隙法测量圆弧半径的工具，如图 11.12 所示。测量时使 R 规的测量面与工件的圆弧紧密的接触，当测量面与工件的圆弧中间没有间隙时，圆弧半径为此时 R 规上所表示的数字。由于是目测，故准确度不是很高，只能作定性测量。

三、测绘方法和步骤

测绘步骤与前几个任务基本相同，只是鉴于箱体零件的结构复杂性略有不同，此处只作简单提示。

1）准备工作

检查、清理箱座，准备好绘图工具、仪器以及绘图用品等，注意箱体零件结构相对复杂，尺寸较大，因此，要注意选用幅面较大的图纸。测量工具主要是用到钢直尺、游标卡尺、高度尺、角度尺和半径规，注意游标卡尺的量程要大于箱座最大尺寸。

2）确定表达方案，绘制草图

（1）徒手绘制草图

根据箱座结构分析，图样上要表达清楚箱座的各部分结构。箱座主视图确定原则是根据工作位置原则确定。箱座零件图的表达方案并不唯一，此处给出一个参考方案，测绘过程中学员可根据自己的理解进行方案优化。

【参考方案】

箱体表达方案可参考图 11.13，表达箱座主体结构选用主、俯、左 3 个基本视图，主视图选择方向如图 11.7 所示的箭头方向。在主视图上做局部剖视，表达油孔、油尺孔结构，同时表达箱座壁厚和内腔深度，局部剖视图表达安装孔和地脚螺栓孔的结构；俯视图做局部剖视图表现地脚螺栓孔的形状特征；左视图可采用局部剖视图表达定位销孔。

另增加局部视图表达油孔形状特征；局部斜视图表现油尺孔的端面形状特征；局部视图表现螺栓凸台的形状特征。表达方案可参照图 11.13 箱体零件图。

确定表达方案后，选择合适比例，目测徒手绘制零件草图，要求能够全面反映箱体零件结构特征，力求表达简洁、清晰明了，注意留足尺寸标注空间。绘图过程如图 11.14 至图 11.21 所示。

布图，也就是确定图形在图纸上的位置，注意恰当运用比例和图幅，使图样清晰、美观，空白要留的恰当，一般可按照“343”的原则布图，也就是主视图与左边界、主左视图之间、左视图与右边界 3 处留出的空白比例为 3∶4∶3；主视图与上边界、主俯视图之间、俯视图与下边界 3 处留出的空白比例也为 3∶4∶3。确定图形位置后先在图纸上画基准线，3 个视图同时进行，如图 11.14 所示。

确定图形位置后，以基准线为依据开始作图，注意作图时抓住零件的主要特征，先忽略细节，例如，本次活动测绘的减速机箱体主体结构为长方体，如图 11.15 所示，忽略圆角、孔、槽等结构，将复杂问题简单化。

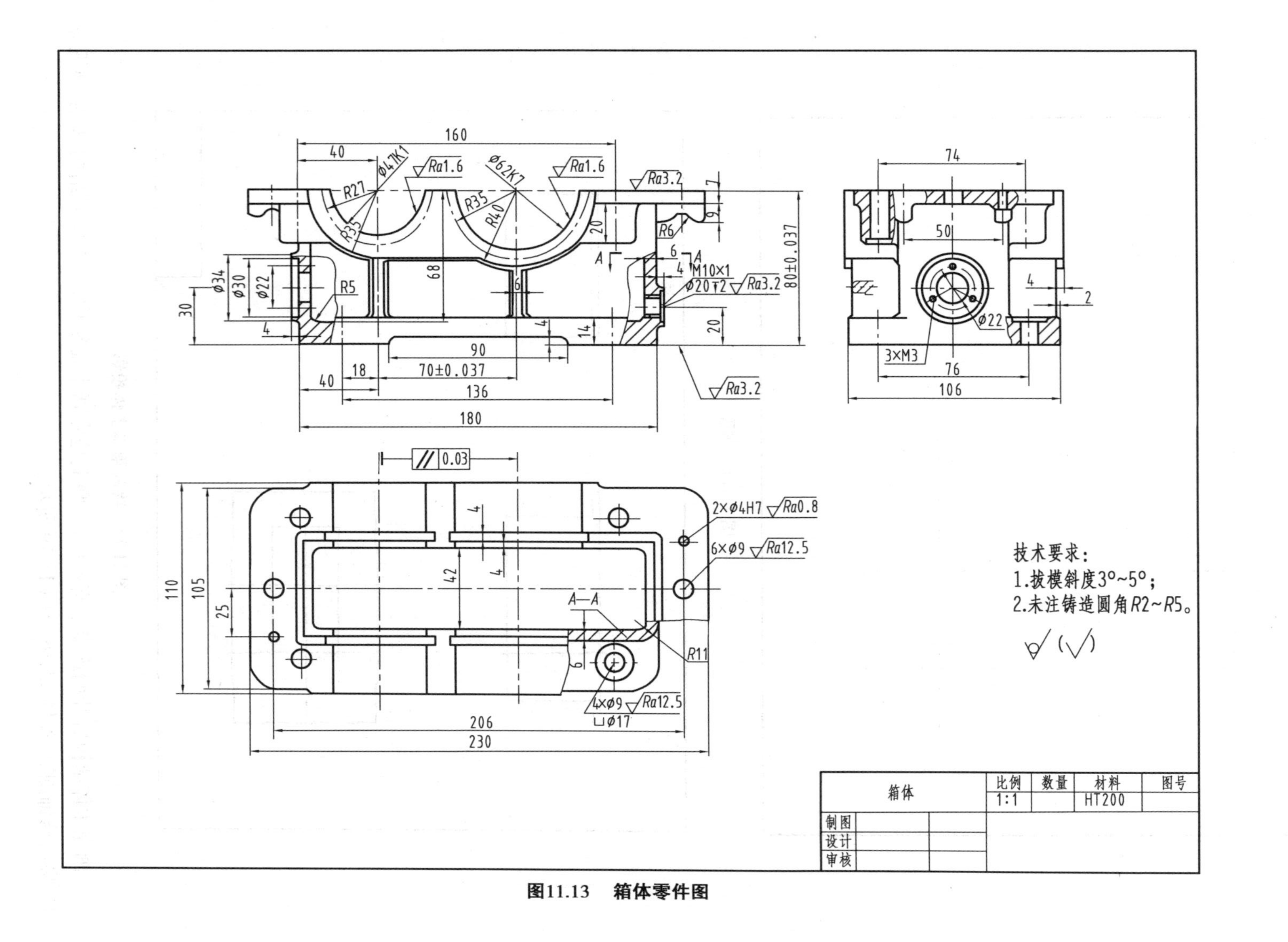
技术要求：
1.拔模斜度3°~5°；
2.未注铸造圆角R2~R5。
箱体
比例
数量
材料
图号
1:1
HT200
制图
设计
审核
A—A
3×M3
M10×1
Φ20↧2
2×Φ4H7 Ra0.8
6×Φ9 Ra12.5
4×Φ9 Ra12.5
⌴Φ17
Φ62K7
Φ47K1
80±0.037
70±0.037

图11.13　箱体零件图

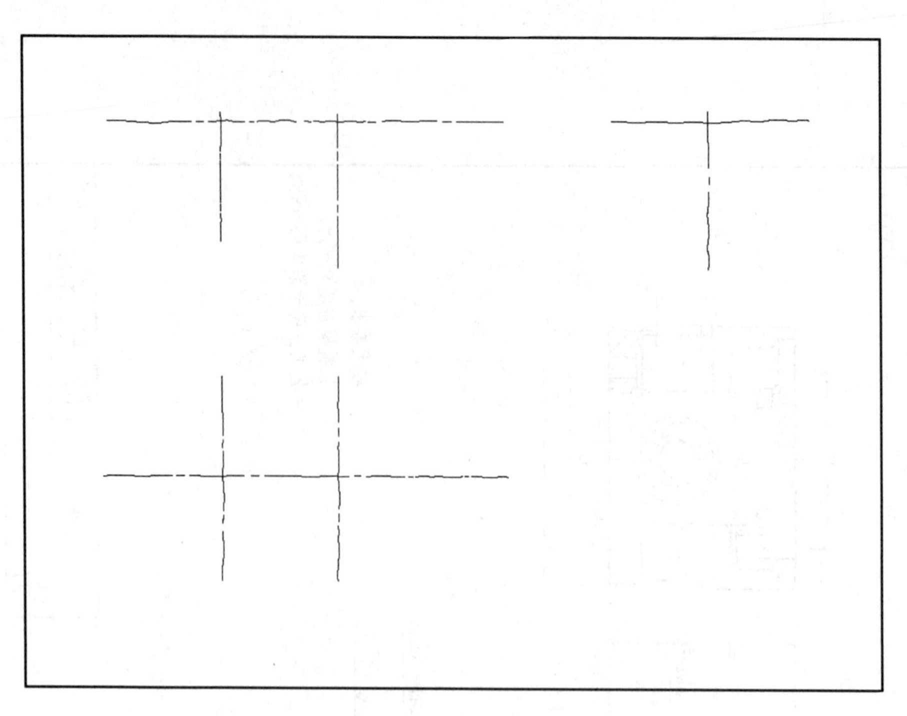

图 11.14　布图

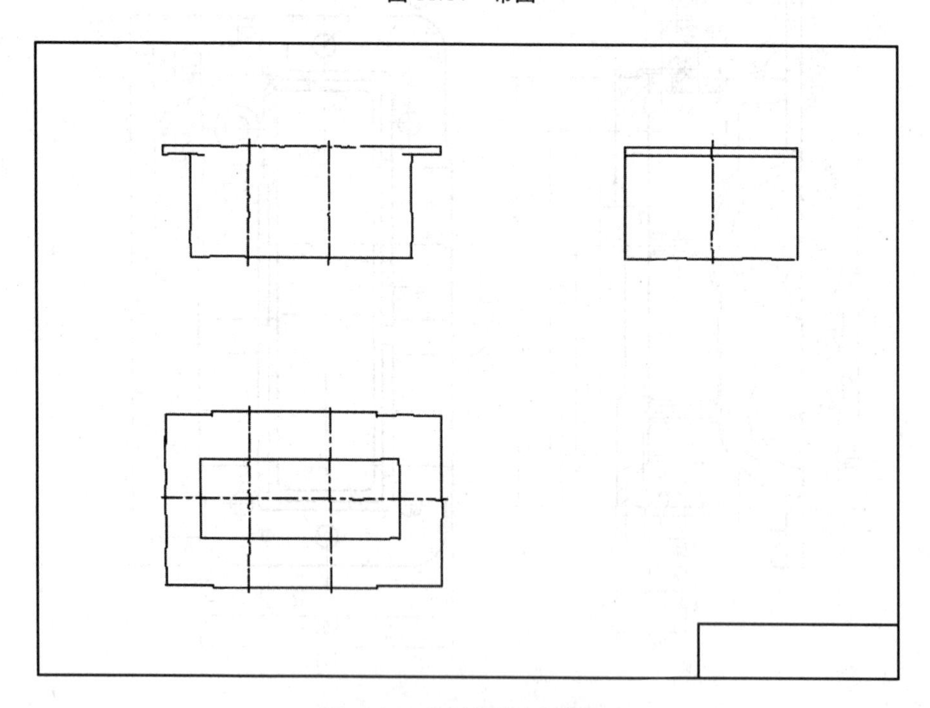

图 11.15　绘制箱体主体投影

画完主体结构后开始逐步丰富图形,原则上是先画主要结构,后画次要结构,确定剖视方案,最后修饰细节,如图 11.16 至图 11.19 所示。

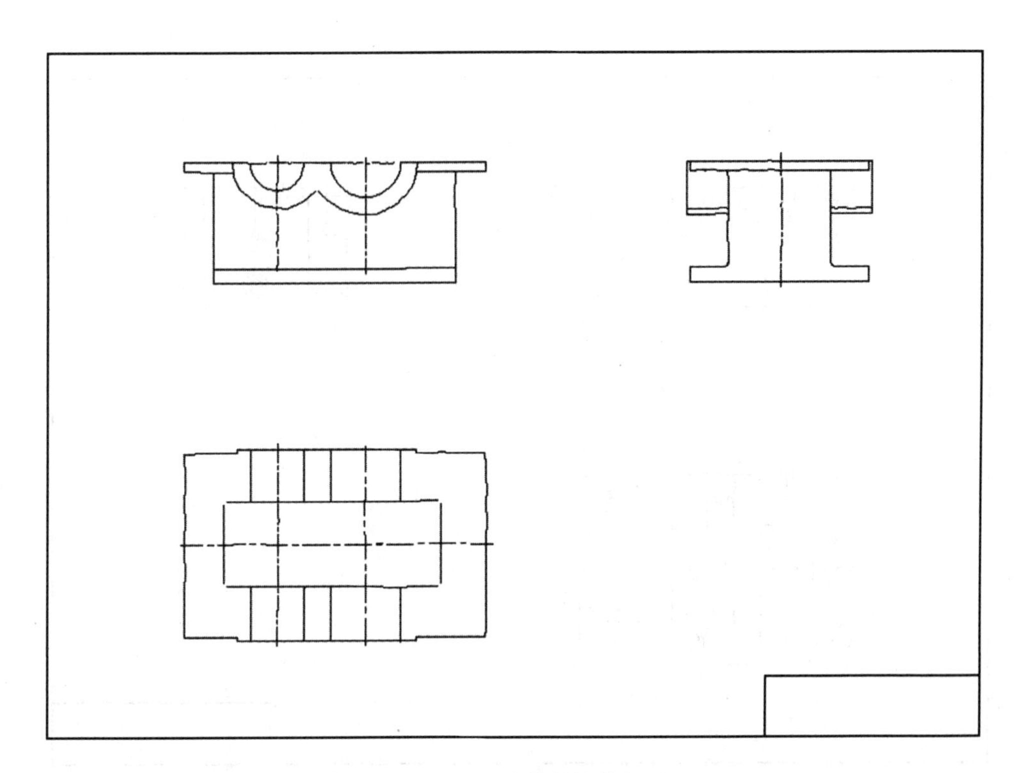

图 11.16　完成箱体主体投影

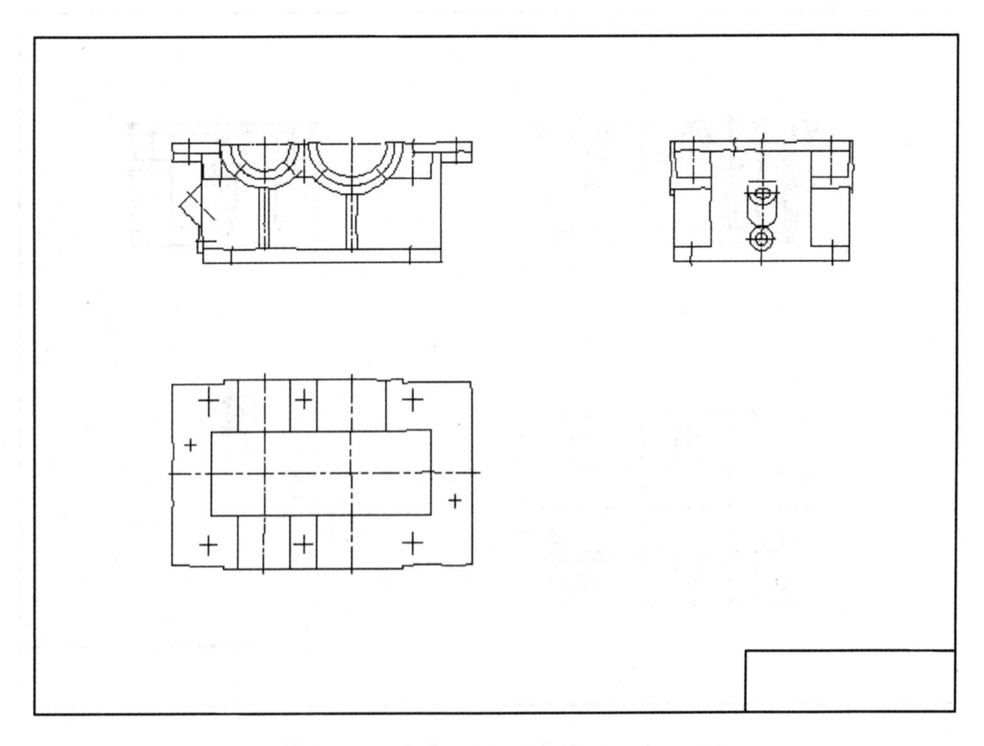

图 11.17　绘制凸台、肋板，作出孔的定位中心线

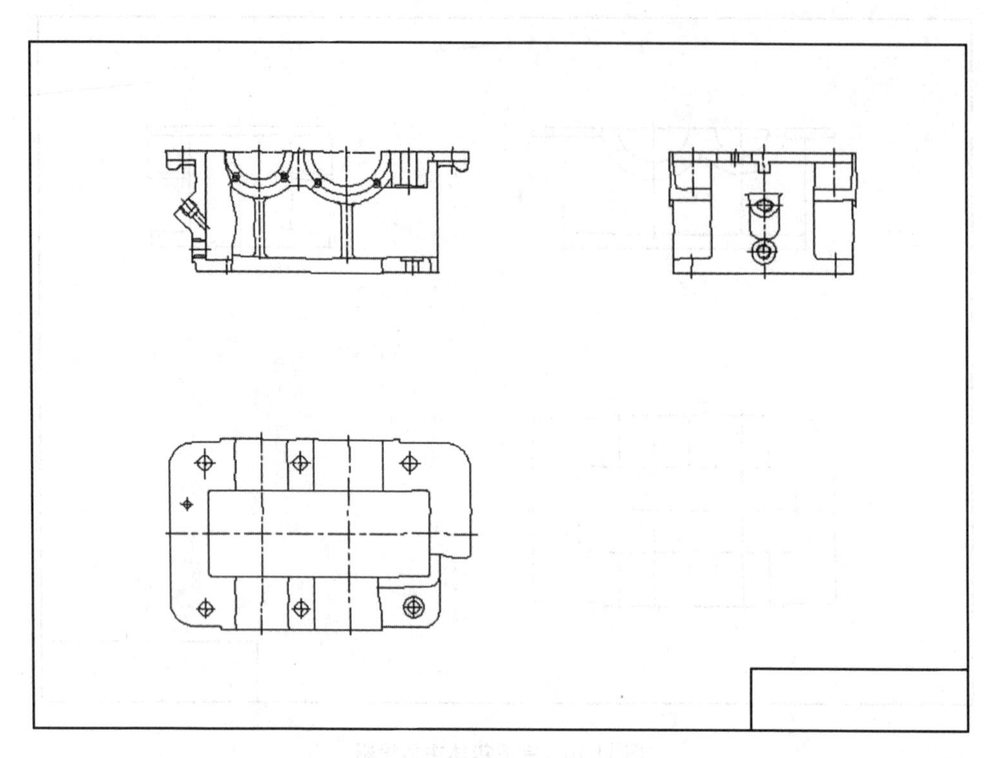

图 11.18　确定剖视方案,画孔和圆角

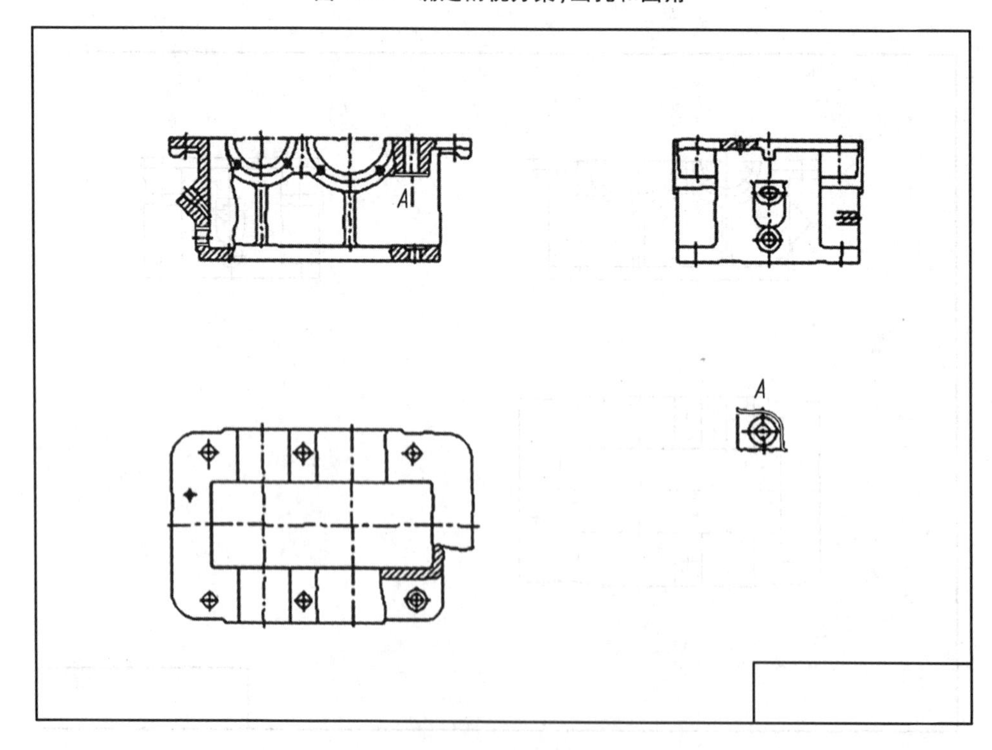

图 11.19　补充局部视图和断面图,画剖面线

（2）确定尺寸标注方案

完成图形绘制工作后，检查图样表达是否需要修改，检查无误后开始确定尺寸标注方案，零件图上尺寸标注要求正确、完整、清晰、合理，还要符合生产实际要求。

箱体主题为长方体，主要尺寸可从长、宽、高 3 个方向分析，选定 3 个方向的尺寸主要基准，也就是尺寸标注的起点。箱体上重要的面和线可以选定作为尺寸基准，上表面是与箱盖配合的表面，也是箱体上比较大的切削加工表面，选择上表面作为高度方向尺寸基准；箱体为前后对称结构，选择对称中心面作为宽度方向基准；箱体上两个轴承座孔为重要的配合表面，选择轴承孔轴线为长度方向尺寸基准，如图 11.20 所示。此 3 个基准为主要基准，根据设计，还需要辅助基准，如箱体底面可作为高度方向辅助基准。箱体 3 个方向上的尺寸必须直接或间接与基准相关联。标注时分别从 3 个方向分析，将长、宽、高 3 个方向定位尺寸标完后，再检查标注定形尺寸，检查细节，确保不遗漏尺寸。

（3）注意事项

箱座上的制造缺陷以及长期使用造成的磨损、碰伤等不应画出；箱座上的铸造圆角必须画出，作图时先画基准线。

当零件上两个未经机加工的表面相交时，常用小圆弧面进行过渡，此时，两个表面的交线就不太明显，但为了区分不同的表面、便于看图，仍需画出这些交线，这些交线称为过渡线。过渡线一般用细实线绘制，画图时仍按没有圆角的交线画出，但两端不与轮廓线相连，留 1~2 mm的开口。在手工作零件图标注尺寸时，先只画尺寸界线和尺寸线，不画箭头，在描深工作完成后再画箭头，以免描深时粗实线盖掉箭头尖端。

3）测量标注

箱座结构相对较为复杂，涉及尺寸较多，测量过程中要细心、耐心，保证测量数据的准确，同时要注意将测量数据圆整，测绘图样上标注的基本尺寸为整数，暂时不需要标准公差。

箱体上的轴承座孔是上下箱体装配后加工所得，测量两孔中心距时，可将箱盖和箱座装配后测量（或者测量两轴距离间接得到），并将测量数据与计算中心距进行比对，采用两齿轮分度圆半径之和作为中心距。轴承孔径向尺寸可以查轴承外圈直径基本尺寸。

已知，小齿轮齿数 $Z_1=30$，大齿轮齿数 $Z_2=46$，模数 $m=2$，两轴承孔中心距 $a=76$。

箱座上的螺纹孔可以测量与之配合的螺钉主要尺寸，根据测得的尺寸查表予以标准化。

4）绘制零件图

箱体草图完成后，选用恰当的图幅和比例，按照测得尺寸绘制箱座零件图，绘图步骤与草图绘制步骤相同（简图见图 11.14 至图 11.20），不同的是画线是以尺寸数字为依据，而不是目测比例；必须用绘图工具和仪器，而不是徒手绘制。测绘的基本流程如下：

准备工作 → 绘制草图 → 测量标注 → 绘制零件图

四、训练任务

箱体测绘任务以小组为单位进行，本次测绘活动以箱座为例分析讲解，要求各组能举一反三，完成箱盖零件图的测绘任务，每组必须完成一幅箱座和一幅箱盖零件图，测绘过程中，各小组按本组情况进行分工合作。

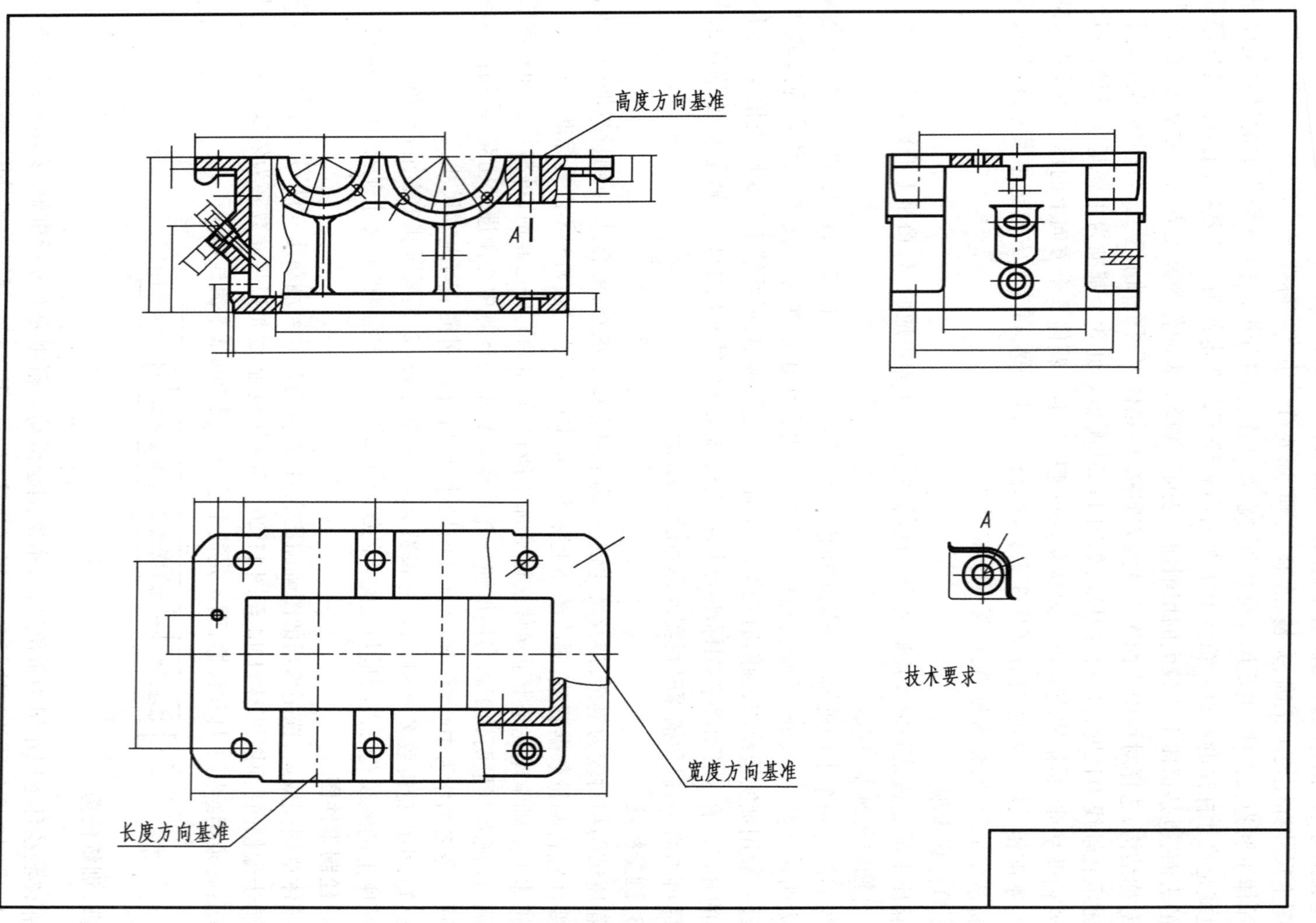

图11.20 箱体长、宽、高尺寸基准

【学习日志】

能回答下述问题吗？		自我评价
1.箱体测绘过程中你认为最大的难度是什么？		
2.在小组测绘过程中你做了哪些工作？负责分配任务、负责主要绘图工作、测量标注工作、其他辅助工作、观摩。		
3.对本小组完成的两幅图样给予怎样的评价？		

活动三　任务小结

【学习要点】

1.进一步了解箱体类零件，认识常见箱体类零件；

2.敢于表达自己的见解，能接受批评意见；

3.能正确评价自己，能客观评价他人。

一、任务要点回顾

1）箱体零件的特征

箱体类零件属于机器或部件的基础零件，其特点是有较大的空腔，多孔、薄壁、形状复杂，加工部位多，其中，轴承的安装精度直接影响机器设备的运转精度，因此，轴承孔是箱体上加工精度要求最高的部位。

箱体类零件的毛坯一般采用铸造获得，常见的有 HT200～400，某些负荷较大的箱体也采用铸钢材料，有些负荷较小，要求减轻总重的箱体也用铸铝材料，单件小批量生产也有采用钢板焊接的箱体。

2）还有哪些常见箱体零件

符合其特征的零件都可划分为箱体类零件或壳体类零件，如汽车发动机缸体、机床变速箱、车床尾座支架、阀体、泵体等。

3）箱体类零件测绘的重点与难点

箱体类零件结构复杂，加工位置多变，箱体测绘的重点和难点是确定表达方案，灵活运用各种视图，表达清楚箱体内、外结构。对于箱体类零件，一般采用工作位置原则确定表达方案，也就是根据箱体工作时的位置确定主视图，根据表达需要确定其他视图。

箱体类零件毛坯铸造较多，因此，零件上会有铸造圆角、拔模斜度，铸造过程中随着液态金属的凝固、收缩，会出现一些特殊的工艺结构，在测绘过程中都会干扰初学者的思路，因此，测绘中要明确该箱体类零件各个表面的功能。由于铸造圆角的存在,使得零件表面上的交线变得不十分明显,为了便于看图和区分不同表面,在图样上这些位置按照过渡线绘制。

测绘过程中尺寸较多,在确定尺寸标注方案时容易遗漏尺寸,标注时需细心分析,对于复杂零件的标注,思路要清晰,分别从长、宽、高3个方向分析尺寸,先确定定位尺寸,再确定定形尺寸,确保不遗漏尺寸。

二、作业展示与评价

各学习小组根据本组情况,选送一份最能代表自己小组水平的图样,随图样附带一份完成自评分值的评分标准(见表11.1),在教室展示,其中的优秀作业作为样本保存。

表11.1 评分标准

小组名称: 绘图人姓名: 日期:

评价项目	内容及要求	配分	自评	互评	师评
图幅图框	图纸幅面尺寸符合标准规定,图框规格符合标准规定	2			
表达方案	方案简洁合理,表达清晰	10			
图形	图形正确	20			
图线	线型正确,粗细分明,间隔合理	10			
	图线干净,线条流畅	10			
尺寸标注	尺寸标注正确、完整、清晰、合理	10			
文字	文字书写符合国标,字体工整;汉字、数字和字母均应遵守国家标准的规定	5			
图面整洁度	图面整洁、美观	10			
标题栏	标题栏及文字书写符合国家标准,内容填写准确	3			
工量具仪器使用	作图过程中工具、仪器能合理摆放,能规范使用绘图工具和仪器,无损坏	4			
态度	能专注作图,能及时反馈问题,能和他人交流、沟通、合作,能接受批评建议	10			
总 分		100	×30%	×30%	×40%
分值汇总					
点评记录					

各学习小组对展出的其他各组作业给予评分,对分值偏差比较大的项目,评分人作出解释。每组派代表找自己作业的优点,争取加分。

三、反思

课后反思		自我评价
1.完成本学习任务我们花费了多少学时的时间，在哪些方面还可以提高效率？		
2.还有哪些方面的知识需要回顾温习；还有哪些方面的技能需要多加练习？		
3.完成本学习任务的过程中，其表现能否令自己满意，该如何改进？		

任务 12

叉架类零件测绘

【目的要求】

1.能理解常见叉架类零件的工作原理；
2.熟悉图样的表达方法，能确定常见叉架类零件表达方案；
3.能正确使用测量、作图工具，能合理布图、绘制叉架零件图；
4.能与人合作，能表达自己的观点，能听取他人意见；
5.养成严谨细致的工作态度，培养一定的审美能力。

活动一　认识叉架类零件

【学习要点】

1.了解叉架类零件的结构特点及作用；
2.熟悉常见叉架类零件的表达方案；
3.学习过程中相互讨论交流，要敢于表达自己的观点。

一、叉架类零件的特点及作用

叉架类零件包括叉杆类和支架类零件，叉杆类如拨叉、连杆、杠杆、摇臂、支架等。支架类零件一般用来支撑轴类零件，如轴承支座、支架、吊架等。以活塞连杆和支架为例分别说明叉架类零件的工作原理，分别如图 12.1 和图 12.2 所示。

二、叉架类零件图举例

1）连杆工作原理

如图 12.1 所示，活塞组件中，连杆小端通过活塞销连接活塞，大端通过连杆瓦、连杆盖连接曲轴。工作过程中，活塞推动连杆，带动曲轴旋转，实现动力输出。

图 12.1　连杆及连杆盖立体图

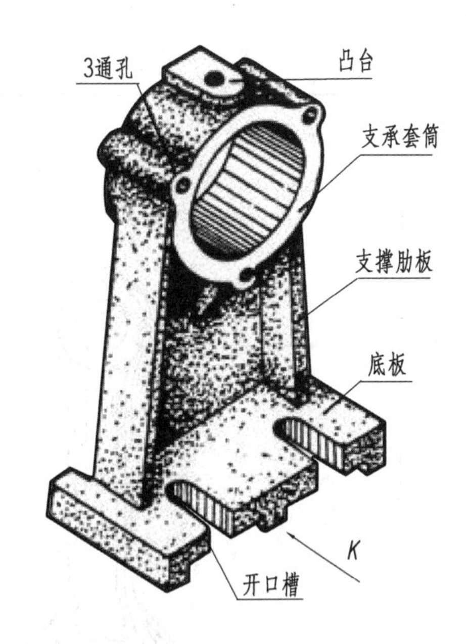

图 12.2　支架立体图

2)连杆零件图(见图 12.3)

连杆零件图表达方案采用两个基本视图表达连杆主体结构,在基本视图上采用半剖视图表达纵剖面结构,*A—A* 断面图表达连杆连接部分厚度,*K* 向斜视图表达连杆大端与连杆盖装配部位结构。零件上尺寸精度要求最高的是大小两端中心距 210±0.5。

3)支架工作原理

支架类零件结构一般分 3 部分,即支撑部分、安装部分及连接部分,形状结构比较复杂,毛坯多为铸造或锻造件。支撑套筒内一般安装轴承或轴,底板安装在底面或其他基座上,主要用于支撑轴及轴系零件。

4)支架零件图(见图 12.4)

支架零件图表达方案采用工作位置原则,3 个基本视图和 1 个局部视图表达支架结构,左视图(*A—A*)采用两个平行平面剖切形成的全剖视图,表达安装套筒孔 $\phi72H8(^{+0.46}_{0})$、M10 螺纹孔、$\phi7$ 通孔以及连接板和底板厚度,并采用重合端面图表达加强支撑板端面形状;俯视图(*D—D*)采用剖视图表达连接部分结构;局部视图 *C* 表达凸台形状。图样上有两处形位公差要求,安装套筒后端面相对于套筒轴线 *S* 跳动量不超过 0.04 |↗|0.04|S|;安装套筒轴线相对于底面 *B* 平行度不超过 0.03 |∥|0.03|B|。

三、支架表达方案讨论

根据图 12.5 支架轴测图,参照图 12.3 和图 12.4 讨论确定表达方案,并徒手绘制草图并标注尺寸。

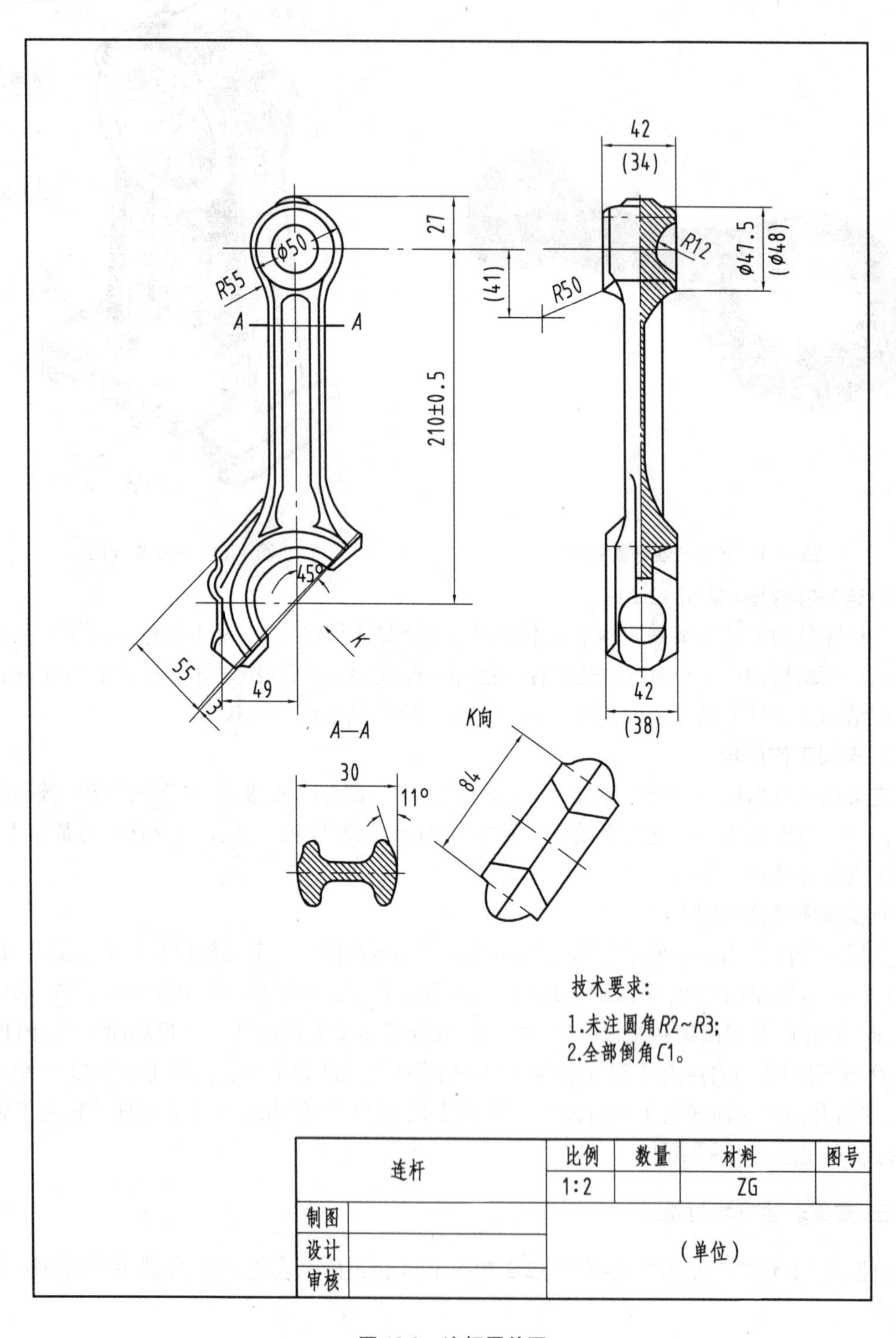
42
(34)
27
ϕ50
R55
A
A
R12
ϕ47.5
(ϕ48)
(41)
R50
210±0.5
45°
K
55
3
49
42
(38)
A—A
K向
30
11°
84
技术要求:
1.未注圆角R2~R3;
2.全部倒角C1。
连杆
比例
数量
材料
图号
1:2
ZG
制图
设计
审核
(单位)

图 12.3　连杆零件图

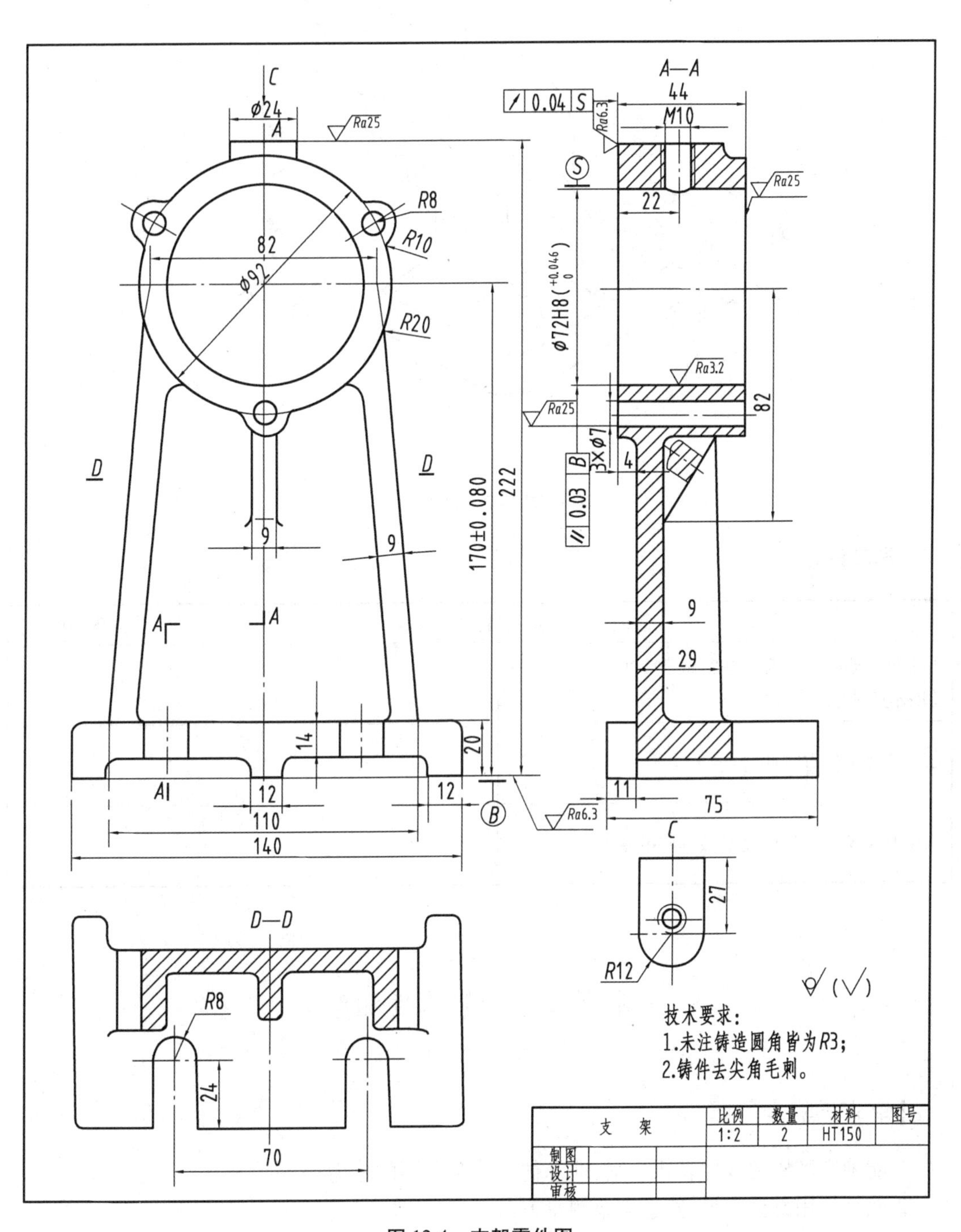
C
ϕ24
A
Ra25
R8
82
ϕ92
R10
R20
D
D
9
9
170±0.080
222
A
A
14
20
A
12
12
110
140
B
Ra6.3
A—A
0.04 S
44
M10
Ra6.3
S
Ra25
22
ϕ72H8($^{+0.046}_{0}$)
Ra3.2
Ra25
82
3×ϕ7
B
4
0.03 B
9
29
11
75
C
27
R12
D—D
R8
24
70
技术要求：
1.未注铸造圆角皆为R3；
2.铸件去尖角毛刺。
支　架
比例
数量
材料
图号
1:2
2
HT150
制图
设计
审核

图 12.4　支架零件图

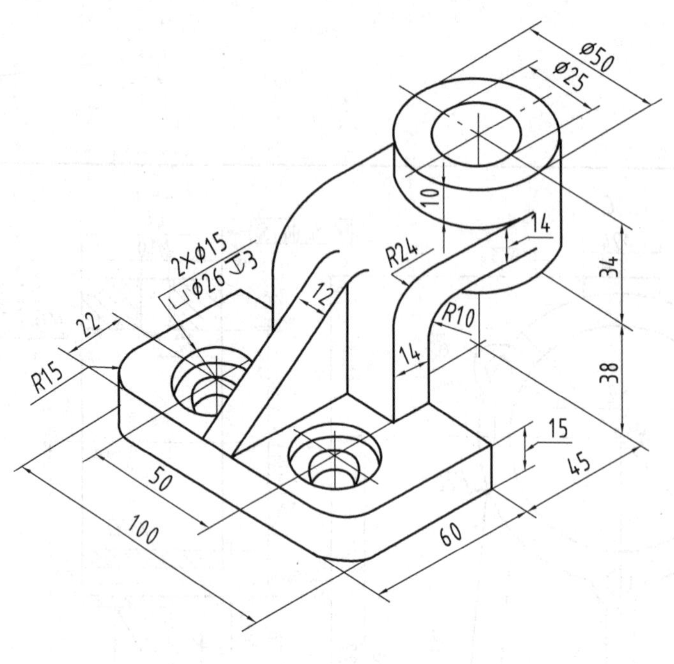

图 12.5 支架

【学习日志】

能回答下述问题吗?		自我评价
1.常见叉架类零件有哪些？试举 3 个以上的实例(展示图片或模型)。		
2.叉架类零件有哪些特点?		
3.绘制叉架类零件图需要做哪些准备?		

活动二　托架零件测绘

【学习要点】

1.能确定叉架类零件表达方案,训练徒手绘制草图的能力;
2.熟练使用游标卡尺,熟悉支架测量方法;
3.巩固尺规作图技能,能完成支架零件图。

一、分析被测托架零件

1)分析托架结构

如图 12.6 所示托架,其各部分结构如图中指示。工作部分开口,可根据安装要求调整孔径大小。

2)工作原理

托架支撑部分用螺纹件安装在基座上,用于支撑装配体。工作部分安装配合零件,根据安装要求,用螺钉调节开口大小,获得恰当的安装间隙。

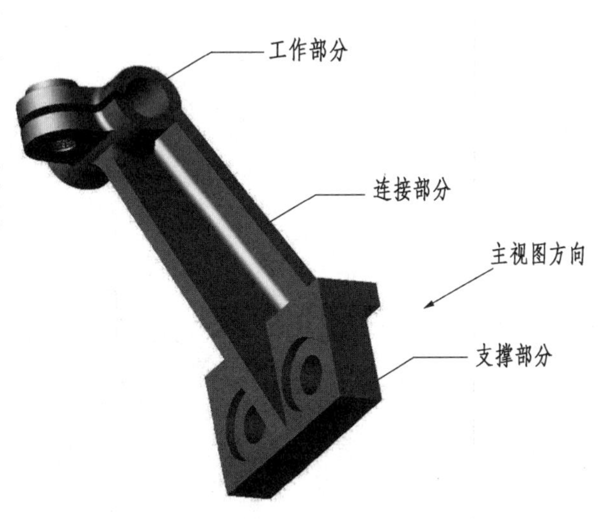

图 12.6　托架立体图

二、测绘方法与步骤

测绘步骤与前几个任务基本相同,此处不再赘述。

1)准备工作

检查、清理支架,根据支架大小选定比例和图幅,准备好绘图工具、仪器以及绘图用品等。测量工具主要是用到钢直尺、游标卡尺、高度尺、角度尺和半径规。

2)确定方案,绘制草图

根据托架结构分析,图样上要表达清楚支架的各部分结构。支架加工过程中需多次变换加工位置,因此,主视图确定原则可根据工作位置原则确定。确定表达方案后徒手绘制草图。

现提供支架表达方案供参考,测绘过程中可根据具体情况进行优化。

【参考方案】

表达支架主体结构选用主视图和右视图两个基本视图,主视图选择方向如图 12.6 所示箭头方向。在左视图上做局部剖视,表达工作部分套筒的结构、大小等。主视图上作两处局部剖视图,表达开口调节螺钉安装孔和支撑部分螺栓安装孔结构特征。

(1)布图

按照"343"布图,使图形与边界、图形与图形之间的距离协调美观,注意留够尺寸标注的位置。先画基准线,两个基本视图同时进行,如图 12.7 所示。

(2)绘制托架主体

基准线画好后,其他图线的位置要根据目测确定,作图时可先整体后局部,先忽略细节,将主要结构简化成基本的立方体或圆柱体作图,再逐渐丰富,得到零件主体部分图形,注意图形比例要协调,如图 12.8 所示。

(3)完成基本视图,补充局部视图和断面图

绘制连接部分,并根据表达需要,补充局部视图和断面图,注意补充的图形安放位置既要协调美观,又要便于读图,局部图形要与所表达的结构位置接近,便于对照,如图 12.9 所示。

方案效果如图 12.10 所示,要求按照范例绘制草图,并且根据测绘零件(或模型)完善图样细节,如圆角、过渡线等。在绘制好的草图上确定尺寸标注方案,在草图上画上尺寸线和尺寸界线,测量托架尺寸,圆整后标注在草图上,根据草图绘制零件图(尺寸标注方案略)。

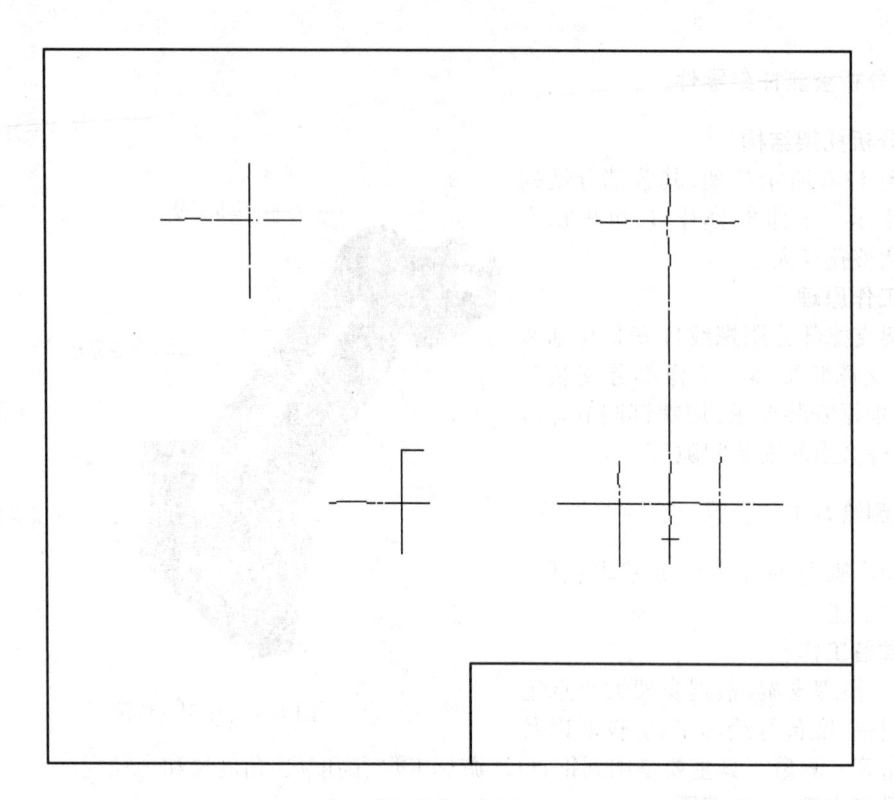

图 12.7　布图

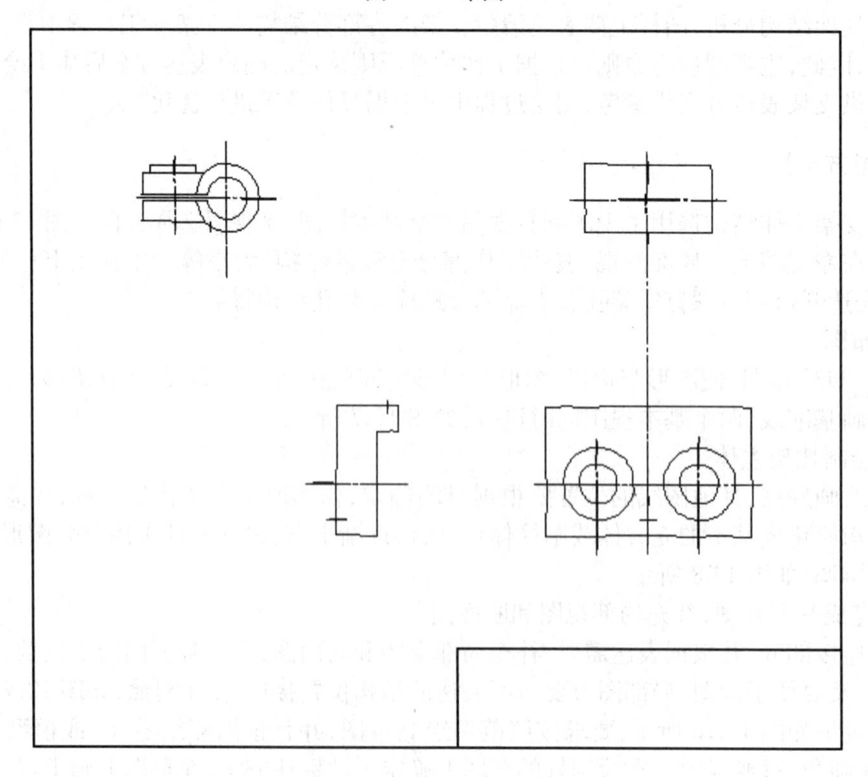

图 12.8　绘制托架主体部分

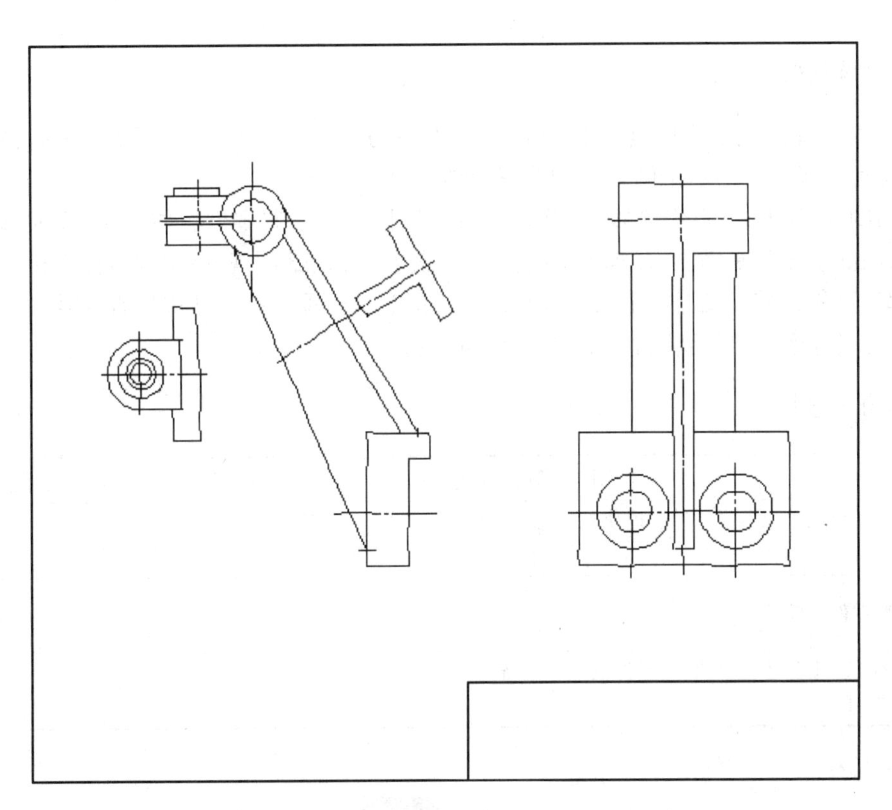

图 12.9　完成基本视图,补充局部视图和断面图

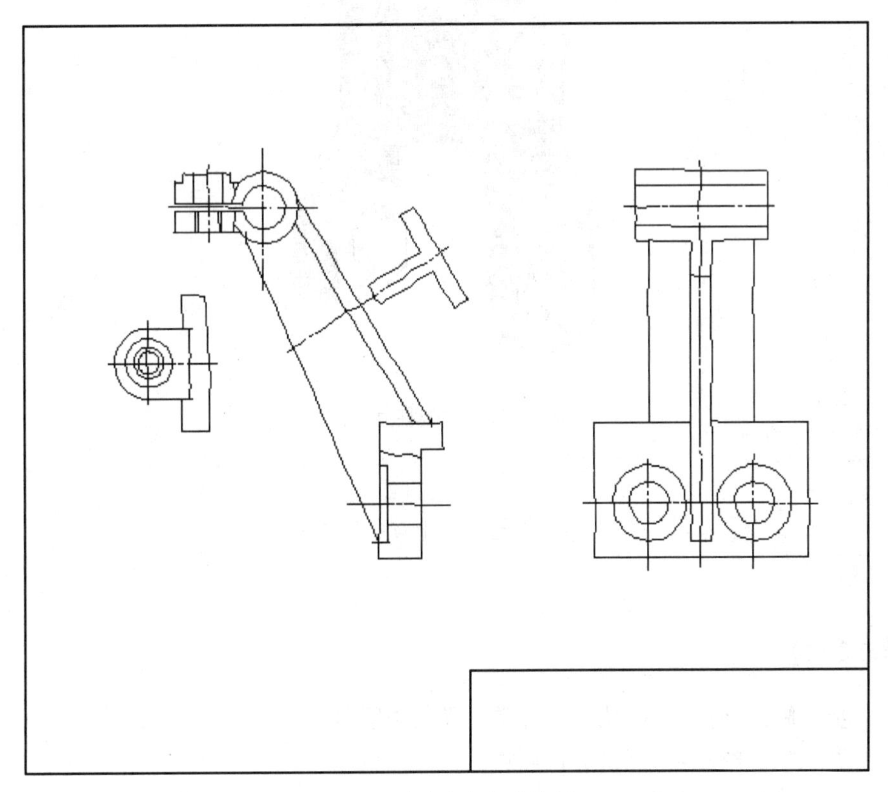

图 12.10　确定剖视方案图

三、训练任务

按照测绘流，徒手绘制托架草图，确定尺寸标注方案，完成托架测绘任务。零件图底稿绘制过程也可参考图 12.7 至图 12.10 的草图绘制过程。

先布图，绘制基准线，几个视图同时进行；再根据尺寸绘制零件主体结构，完成基本视图后，增加局部视图和断面图，在视图上根据表达需要增加局部剖视图；根据草图上确定的尺寸标注方案，首先在零件图上画上尺寸线和尺寸界线（先不画箭头）；其次检查、描深；再次绘制箭头、填写尺寸数字；最后注写技术要求，填写标题栏。

【学习日志】

能回答下述问题吗？		自我评价
1.请列举 4 个以上叉架类零件，提供图片或实物（模型）。		
2.叉架类零件有哪些特点？		
3.思考图 12.11 给出的叉架类零件的表达方案，试画出草图。		

图 12.11　支架杆立体图

活动三　任务小结

【学习要点】

1.进一步了解叉架类零件，认识各种常见叉架类零件；

2.敢于表达自己的见解，能接受批评意见；

3.能正确评价自己，能客观评价他人。

一、任务要点回顾

1) 叉架类零件的特征

叉架类零件主要起连接、拨动、支承等作用,它包括拨叉(见图 12.12)、连杆(见图12.13)、支架、摇臂、杠杆等零件。叉架类零件的结构形状多样,差别较大,但都是由支承部分、工作部分和连接部分组成,大多数为不对称结构,有凸台、凹坑、铸(锻)造圆角、拔模斜度等结构。根据具体零件特点,其零件图表达方案差别较大。

图 12.12　拨叉

图 12.13　连杆

作图过程中要善于分析,抓住主要特征,将复杂问题简单化,将复杂结构简化成基本体的组合、切割问题,构图时先要忽略细节,零件上的圆角、倒角、小的孔、槽、凸台、凹坑等都可以先忽略,作出主体后再逐渐丰富即可。

2) 叉架类零件测绘的重点与难点

叉架类零件结构多样,加工位置多变,同一零件可以有多种表达方案,测绘的重点与难点是确定表达方案,灵活运用各种视图,表达清楚叉架类零件各部分结构。叉架类零件毛坯多为铸造或锻造,因此,零件上会有铸造圆角、拔模斜度等工艺结构,在测绘过程中要学会抓住主要特征,基本上都可以从支撑部分和工作部分入手作图,然后补充连接部分,根据需要补充图形,完善细节。

二、作业展示与评价

各学习小组根据本组情况,选送一份最能代表自己小组水平的图样,随图样附带一份完成自评分值的评分标准(见表 12.1),在教室展示,其中的优秀作业作为样本保存。

表 12.1　评分标准

小组名称:　　　　　　　　　　　　绘图人姓名:　　　　　　　　　　　　日期:

评价项目	内容及要求	配分	自评	互评	师评
图幅图框	图纸幅面尺寸符合标准规定,图框规格符合标准规定	2			
表达方案	方案简洁合理,表达清晰	10			

续表

评价项目	内容及要求	配分	自评	互评	师评
图形	图形正确	20			
图线	线型正确，粗细分明，间隔合理	10			
	图线干净，线条流畅	10			
尺寸标注	尺寸标注正确、完整、清晰、合理	10			
文字	文字书写符合国标，字体工整；汉字、数字和字母均应遵守国家标准的规定	5			
图面整洁度	图面整洁、美观	10			
标题栏	标题栏及文字书写符合国家标准，内容填写准确	3			
工量具仪器使用	作图过程中工具、仪器能合理摆放，能规范使用绘图工具和仪器，无损坏	4			
态度	能专注作图，能及时反馈问题，能和他人交流、沟通、合作，能接受批评建议	10			
总　分		100	×30%	×30%	×40%
分值汇总					
点评记录					

各学习小组对展出的其他各组作业给予评分，对分值偏差比较大的项目，评分人作出解释。每组派代表找自己作业的优点，争取加分。

三、反思

课后反思		自我评价
1.完成本学习任务我们花费了多少学时的时间，在哪些方面还可以提高效率？		
2.还有哪些方面的知识需要回顾温习；还有哪些方面的技能需要多加练习？		
3.完成本学习任务的过程中，其表现能否令自己满意，该如何改进？		

任务 13 认识装配图

【目的要求】

1.了解装配图作用；
2.熟悉装配图画法，能够读懂装配图；
3.能绘制简单装配图图样；
4.能与人合作，能表达自己的观点，能听取他人的意见；
5.养成严谨细致的工作态度，培养一定的审美能力。

装配图是表达机器或部件的图样，通过装配图可了解机器或部件的工作原理、零件之间的相对位置和装配关系。

在产品设计时，根据设计任务绘制符合设计要求的装配图，再根据装配部件画出零件图。在产品生产过程中，将根据零件图生产合格的零件，按照装配图进行装配、调试和检验。在产品使用、维护及维修时，通过装配图了解零件的装配关系和工作原理，以便正确操作，制订合理的维修方案。装配图是指导生产的基本技术文件。专业人员必须看得懂装配图，并具备一定的装配图绘图能力。

活动一　装配图举例

【学习要点】

1.了解装配图内容，熟悉装配图的表达方案；
2.掌握装配图的规定画法和特殊画法。

一、装配图的内容

一张完整的装配图应包括一组视图、必要的尺寸、技术要求、零部件序号、标题栏和明细栏，如图 13.1 所示。

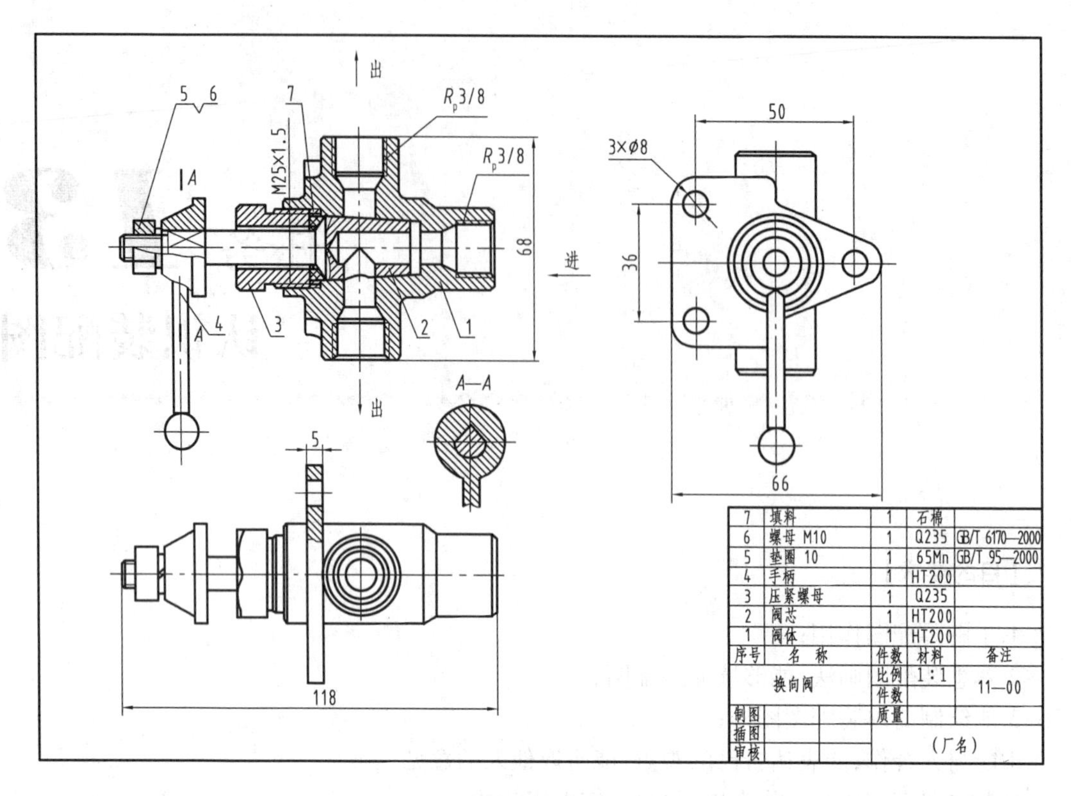

图 13.1 换向阀装配图

1)一组视图

一组视图正确、完整、清晰地表达产品或部件的工作原理、各组成零件间的相互位置和装配关系及主要零件的结构形状。

图 13.1 换向阀装配图中采用主、俯、左 3 个基本视图和 *A—A* 断面图，表达换向阀中各个零件之间的相对位置和装配关系，通过图形可以看出换向阀的工作原理，手柄旋转控制入口与不同的出口导通。

2)必要的尺寸

标注出反映产品或部件的性能、规格、外形、装配、安装所需的必要尺寸和一些重要尺寸。

如图 13.1 中标注的总体尺寸长 118，宽 66，高 68 这 3 个尺寸；安装尺寸 50，36，3×ϕ8，5 共 4 个尺寸；规格性能尺寸 M25×1.5，两处管螺纹 $R_p3/8$，图中共 11 个尺寸。

3)技术要求

在装配图中用文字或国家标准规定的符号注写出该装配体在装配、检验、使用等方面的要求。

4)零部件序号、标题栏和明细栏

按国家标准规定的格式绘制标题栏和明细栏，并按一定格式将零部件进行编号，填写标题栏和明细栏。

图 13.1 换向阀装配图中共有阀体、阀芯、压紧螺母、手柄、垫圈、螺母、填料 7 个零件，编号原则是对所有零件都必须编号，不能遗漏，相同零件有多个时，一般只编一个序号，图中编号与明细栏中的序号必须一一对应。明细栏依次填写零件序号、名称、数量、材料等信息，填写

时自下而上排序。

标题栏必须填写机器或部件名称、图号、绘图比例,以及设计、绘图、审核人姓名、时间等信息。

二、装配图的画法

1)规定画法

(1)零件间接触面、配合面的画法

装配图中相邻接触面和配合面,无论间隙多大,均只画一条轮廓线;装配图中不接触的表面和非配合表面,无论间隙多小,都必须画两条线。

(2)装配图中剖面符号的画法

装配图中相邻两个零件的剖面线,必须以不同方向或不同的间隔画出。同一零件的剖面线方向、间隔必须完全一致。宽度小于等于 2 mm 的狭小区域,可涂黑代替剖面符号。

(3)装配图的规定画法(见图 13.2)

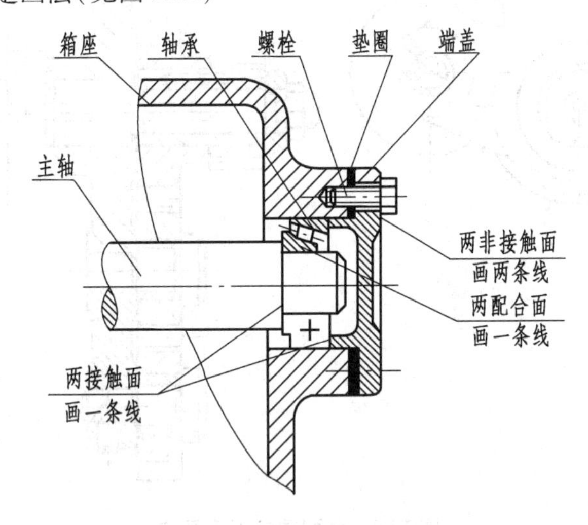

图 13.2 装配图的规定画法

在装配图中,对于紧固件及轴、球、手柄、键、连杆等实心零件,若沿纵向剖切且剖切平面通过其对称平面或轴线时,这些零件均按不剖绘制。如需表明零件的凹槽、键槽、销孔等结构,可用局部剖视表示。

2)特殊画法

(1)拆卸画法

在装配图的某一视图中,为表达一些重要零件的内、外部形状,可假想拆去一个或几个零件后绘制该视图。需要说明时可加注"拆去××等",如图 13.1 减速机装配图中俯视图的画法。

(2)假想画法

在装配图中,为了表达与本部件存在装配关系但又不属于本部件的相邻零、部件时,可用双点画线画出相邻零、部件的部分轮廓,在装配图中,当需要表达运动零件的运动范围或极限位置时,也可用双点画线画出该零件在极限位置处的轮廓,如图 1.5 所示(本任务一中的图)。

(3)展开画法

当轮系的各轴线不在同一平面上时,为了表达传动顺序和装配关系,可假想将空间轴线按照传动顺序展开在同一个平面上，沿各轴线剖切，形成旋转剖视图，展开表达装配关系，如图 13.3 所示。

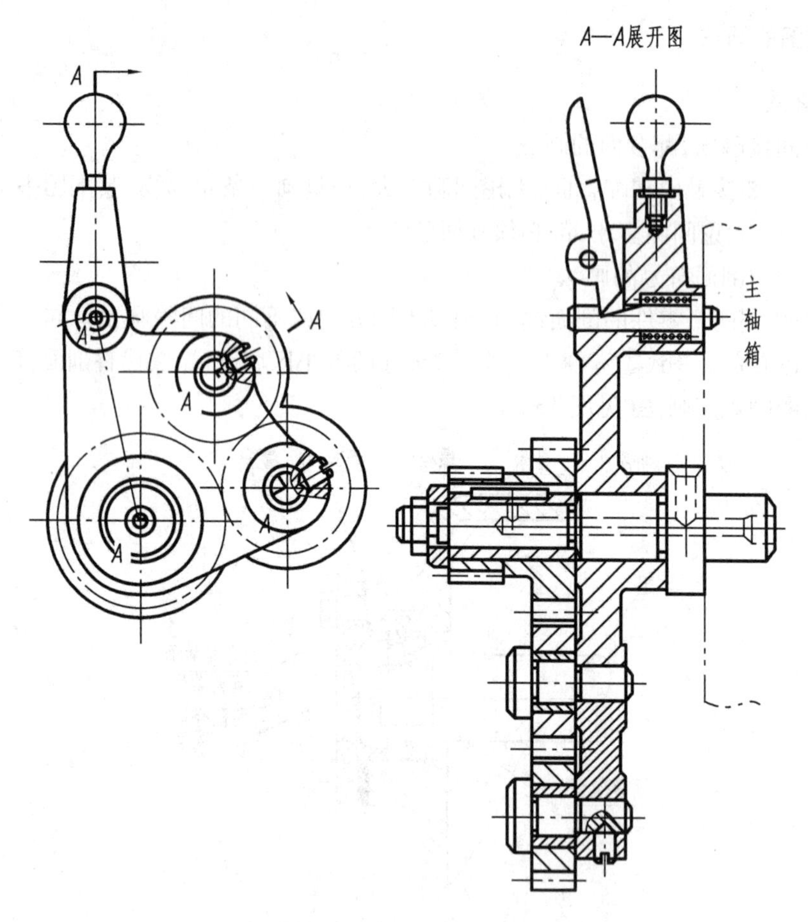

图 13.3　装配图的展开画法

(4)夸大化法

装配图中的薄片零件、小的间隙，以及小的锥度、斜度等，按实际尺寸绘制是特征不明显，此时可适当夸大绘制。

(5)单独表达某个零件的画法

在装配图中，当某个零件的主要结构在其他视图中未能表示清楚，而该零件的形状对部件的工作原理和装配关系的理解起着十分重要的作用时，可单独画出该零件的某一视图。

(6)简化画法

在装配图中，若干相同的零、部件组，可详细地画出一组，其余只需用点画线表示其位置即可。零件的工艺结构，如倒角、圆角、退刀槽、拔模斜度、滚花等均可不画。装配图中对称的零件或组件，可按规定画法画出一半，另一半可采用简化画法，如轴承画法。

三、装配图举例

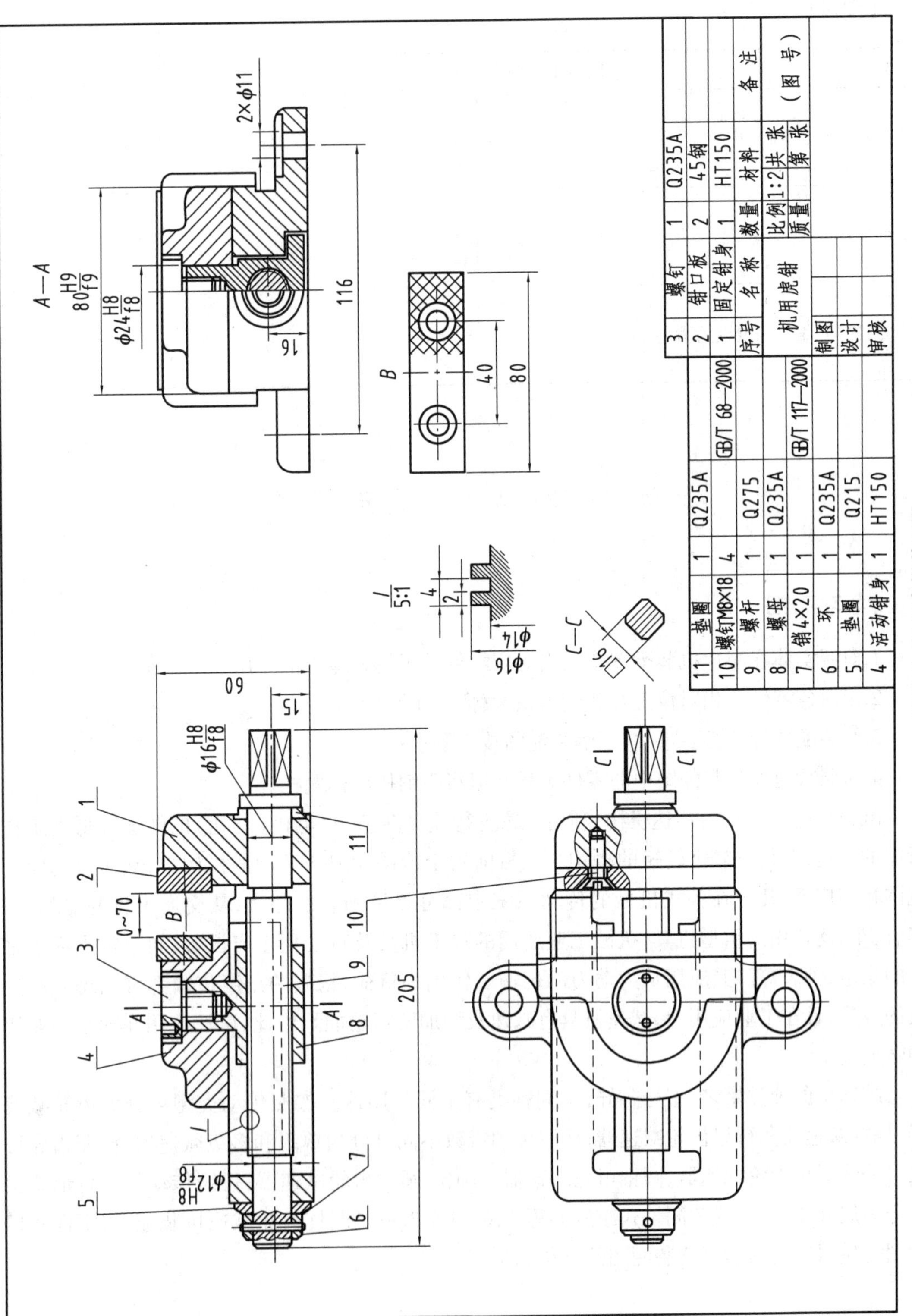

图13.4　机用虎钳装配图

【学习日志】

能回答下述问题吗?		自我评价
1.简述装配图的作用。		
2.装配图有哪些内容?		
3.零件序号编写需要注意哪些事项?		

活动二　读一级齿轮减速机装配图

【学习要点】

1.对照实体在减速机装配图中找出对应零件并了解各零件的作用;

2.了解各零件的相对位置及装配关系,读懂工作原理;

3.给装配图标注必要尺寸,了解装配图技术要求;

4.对照减速机为装配图中的零件编号并填写明细栏和标题栏。

减速机是一种动力传达机构,利用齿轮进行速度转换,将电机(马达)的转速降低到工作所需的转速,并得到较大转矩的机构。在目前用于传递动力与运动的机构中,减速机的应用范围相当广泛,几乎在各式机械的传动系统中都可以见到它的踪迹,从交通工具的船舶、汽车、机车,建筑用的重型机具,机械工业所用的加工机具及自动化生产设备,到日常生活中常见的家电,钟表等。其应用从大动力的传输工作到小负荷,精确的角度传输都可以见到减速机的应用,且在工业应用上,减速机具有减速及增加转矩功能。因此,广泛应用在速度与扭矩的转换设备。

减速机的种类繁多,型号各异,不同种类有不同的用途。按照传动类型可分为齿轮减速器、蜗杆减速器和行星齿轮减速器;按照传动级数不同可分为单级和多级减速器;按照齿轮形状可分为圆柱齿轮减速器、圆锥齿轮减速器和圆锥-圆柱齿轮减速器;按照传动的布置形式又可分为展开式、分流式和同轴式减速器等。图 13.5 为单机圆柱齿轮减速机装配图,下面将以此图为例对照实物学习读装配图的方法和步骤。

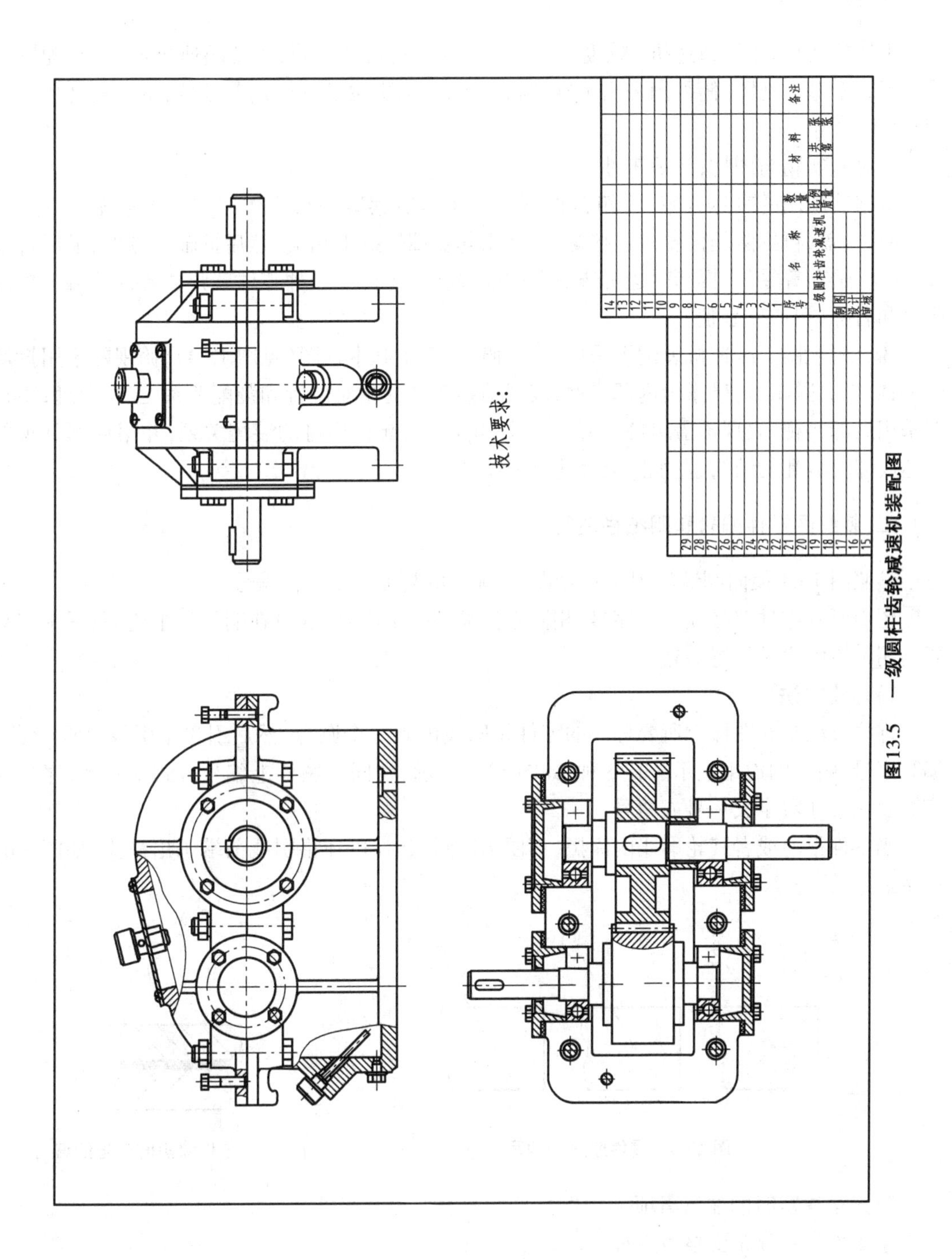

图13.5　一级圆柱齿轮减速机装配图

一、概括了解

①读标题栏，了解减速机的名称、比例等。对照实物与视图，了解减速机形状，装配图中采用了3个基本视图，俯视图采用了拆卸画法，将箱盖拆去后暴露内部零件，重点表现传动原理与装配关系。

②对照实物与图样，认识零件。

根据装配图的表达方案，将箱盖拆下对照图样观察减速机实体结构。注意先拆下定位销、轴承端盖，再拆除箱体箱盖连接螺栓，利用起盖螺钉拆下箱盖，然后拆轴系零件，最后拆油尺、油塞、透盖等零件，拆卸时边拆边对照图样，同时，每拆下一种零件就归类装盒并编上拆卸序号和名称（可查阅手册）。

③分析视图。减速机装配图采用了主、俯、左3个基本视图（见图13.4），俯视图采用拆卸画法，假想拆除箱盖，暴露出内部零件，表现轴系零件的相对位置和装配关系、工作原理；主视图采用局部剖视，表现透盖组件、油尺、油塞、定位销、起盖螺钉的装配关系，并用局部剖视图表达底部安装孔的结构；左视图只表达外形特征。

二、装配图零件编号和明细栏填写

参照图13.1换向阀装配图编号方式，给减速机装配图中零件编号。

图中所有零件都必须编写序号；相同零件只编一个序号，数量在明细栏中说明；图中编号要与明细栏中序号保持一致。

1）标注方法

标注方法是在图样上所要标注的零件轮廓线内画一个圆点，然后引出指引线（细实线），编写序号，序号的通用表示法有3种，如图13.6所示，在同一图样上编号方式要一致，序号的字高要比尺寸数字大一号或两号。

当零件很薄或者其轮廓线内涂黑，不便画出圆点时，可在指引线前端画出箭头，如图13.7所示。

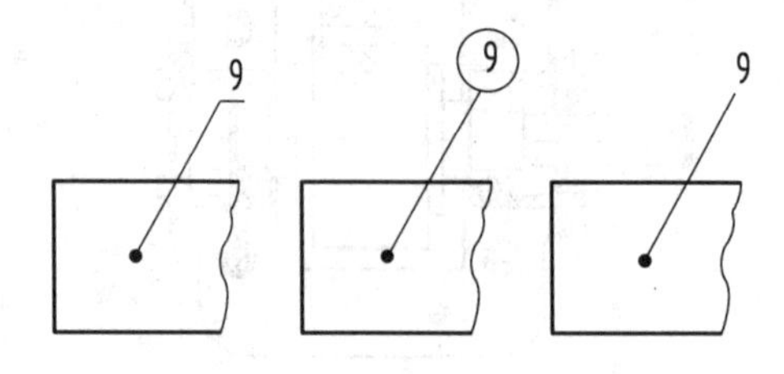

图13.6　零件序号的编写

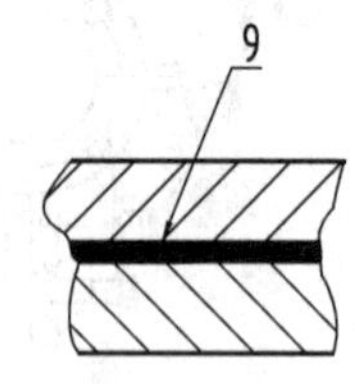

图13.7　零件涂黑时序号的编写

2）序号注写时的注意事项

①零件序号分布要整齐美观。

②指引线不能相交。

③对一组紧固件以及装配关系清楚的零件组，须采用公共指引线，如图13.8所示。

④序号沿水平或竖直方向编排，围绕图形按顺时针或逆时针方向顺序排列，如图13.1换向阀装配图和图13.4机用虎钳装配图所示。

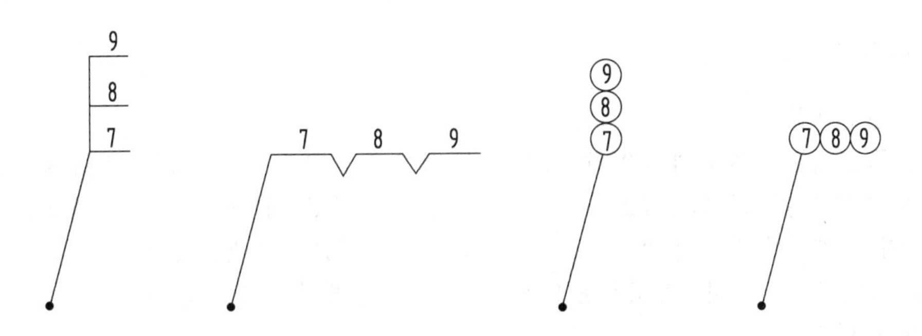

图 13.8　公共指引线编号

3) 明细栏填写

明细栏是零件的详细目录，包括序号、名称、数量、材料、备注等项目组成，明细栏位置如图 13.5 所示，若标题栏上方位置不够时，可在标题栏左侧继续画，序号填写自下而上，以便零件数量增加时便于补充。明细栏画法如图 13.5 所示。

三、对照减速机实物补充装配图中缺少的信息

①根据零件编号规则和明细栏填写方法，对照减速机实物，在图 13.5 减速机装配图上对零件进行编号，并填写明细栏，若明细栏位置不够，可继续增加行数。

②根据减速机实物，分析装配图中需要标注哪些尺寸，并在图 13.5 图样中标注必要尺寸。

③查阅机械设计手册，填写减速机装配图的技术要求。

【学习日志】

能回答下述问题吗？		自我评价
1.简述装配图的作用。		
2.装配图有哪些内容？		
3.零件序号编写需要注意哪些事项？		

活动三　任务小结

【学习要点】

1.进一步了解叉架类零件，认识各种常见叉架类零件；

2.敢于表达自己的见解，能接受批评意见；

3.能正确评价自己，能客观评价他人。

一、任务要点回顾

1)装配图的作用

装配图是表达机器或部件的图样,主要表达其工作原理和装配关系。在机械产品设计中,首先是根据工作要求设计绘制装配图,然后再根据装配图设计零件,绘制零件图。在机械产品装配、调试、维护维修中,根据装配图了解零部件之间的相对位置和装配关系,了解工作原理,制订维修方案等,因此,装配图是工业生产中非常重要的技术文件。

2)装配图画法

(1)装配图规定画法

装配图规定画法实际上是画装配图必须遵循的一些规定,如零件之间接触面用一条线表示,两零件未接触表面(两零件之间有间隙)用两条线表示,不论实际间隙大小,都按照此规定画图;装配图中同一零件各处剖面线必须一致,相邻两零件的剖面线画法必须要有区别;绘图时规定一些实心件和紧固件(螺纹连接)纵剖时按照不剖绘图。

(2)装配图特殊画法和简化画法

根据表达需要,装配图可采用拆卸画法、假想画法、展开画法、夸大画法等。

对于装配图中重复出现且有规律分布的零件、部件组等,可以只详细画出一组或几组,其余只需确定位置即可;零件上的细节如圆角、倒角等工艺结构,在装配图上可忽略不画,在能够清楚表达装配体特征和装配关系的情况下,可以仅画零件轮廓简图;可以用粗实线代表传动带、点画线代表传动链,必要时加以说明即可。

3)读装配图的要求

①了解装配体的名称、用途、性能及工作原理。

②了解零件之间的相互位置、装配关系和拆装顺序、拆装方法。

③清楚装配体中各零件的名称、数量、材料、作用、结构等。

读装配图的过程是先概括了解、再深入分析、然后拆分零件、最后归纳总结。总之,读图的过程是由整体到个体、从主体到细节,认识逐步深入的过程。

二、根据装配图拆画零件图

根据减速机装配图选择一件已学过的零件拆画零件图。建议小组内部分工,拆画不同零件。

拆画过程中应注意,拆画零件图并不是简单地抄画,装配图和零件图表达重点不同,零件的表达方案不能照搬,装配图中的零件一些细节可以简化,但在零件图中必须表达清楚;装配图中被挡掉的结构和线条,在零件图中必须按照投影关系补充完整;零件图尺寸标注要求完整、清晰、正确,零件图上要确定尺寸标注方案,合理分布尺寸。

三、作业展示与评价

对照减速机实体读懂减速机装配图,为装配图中零件编号并填写明细栏,标注不要尺寸、填写技术要求,各组提交一份完成的作业,并加以说明编号规则、尺寸标注和技术要求填写依据。优秀作业将复制保存,其评分标准见表 13.1。

表 13.1　评分标准

小组名称：　　　　　　　　绘图人姓名：　　　　　　　　日期：

评价项目	内容及要求	配分	自评	互评	师评
尺寸标注	尺寸标注正确、清晰、合理	15			
编号	编号规范，不遗漏零件，布置合理美观，便于读图	15			
图面整洁度	图面整洁、美观，无涂改	15			
文字	技术要求填写无错误，字体工整美观，数字书写符合标准规定	8			
明细栏	明细栏填写正确，明细栏中序号与零件编号完全对应	15			
标题栏	标题栏及文字书写符合国家标准，内容填写准确	5			
工量具仪器使用	作图过程中工具、仪器能合理摆放，能规范使用绘图工具和仪器，无损坏	12			
态度	能专注作图，能及时反馈问题，能和他人交流、沟通、合作，口头表达能力好，能接受批评建议	15			
评分人					
总　分		100	×30%	×30%	×40%
分值汇总					
点评记录					

各学习小组对展出的其他各组作业给予评分，对分值偏差比较大的项目，评分人作出解释。

四、反思

课后反思		自我评价
1.完成本学习任务我们花费了多少学时的时间，在哪些方面还可以提高效率？		
2.还有哪些方面的知识需要回顾温习；还有哪些方面的技能需要多加练习？		
3.完成本学习任务的过程中，其表现能否令自己满意，该如何改进？		

参考文献

[1] 刘魁敏.机械制图[M].北京:机械工业出版社,2012.
[2] 郭克希.机械制图[M].北京:机械工业出版社,2009.
[3] 李秀娟.机械制图[M].北京:航空工业出版社,2010.
[4] 邹长明.机械制图[M].成都:西南交通大学出版社,2006.
[5] 莫顺维.机械制图[M].北京:人民教育出版社,1981.
[6] 张仁英.机械制图及 CAD[M].重庆:重庆大学出版社,2006.
[7] 王冰.机械制图及测绘实训[M].北京:高等教育出版社,2009.
[8] 中华人民共和国国家质量监督检验检疫总局.GB/T 4458.1—2002 机械制图 图样画法[S].北京:中国标准出版社,2002.
[9] 中华人民共和国国家质量监督检验检疫总局.GB/T 4458.4—2003 机械制图 尺寸注法[S].北京:中国标准出版社,2003.
[10] 中华人民共和国国家质量监督检验检疫总局.GB/T 4458.5—2003 机械制图 尺寸公差与配合注法[S].北京:中国标准出版社,2003.